寫給懶人的
神奇化學書

李光烈──著　楊嬿霓──譯

既**長知識**又**省時省力**的
生活祕笈

FREAK CHEMISTRY BOOK
게으른 자를 위한 수상한 화학책

推薦序

特別推坑給未來的國高中生

　　身為「懶惰的」化學家和「懶惰的」主婦，我很高興能遇見這本安慰我們「更懶惰也沒關係」，同時提供解決方法的書。諷刺而有趣的是，在讀這本書時，我能感受到大腦更忙碌地運作——努力理解每時每刻發生在周遭的，對我們有益或有害的各種化學反應，以守護我們的健康、提升我們的生活品質。如果能在國高中時就明白，死背元素週期表並未學到化學的本質，討厭化學的人是不是會減少一些呢……如果在閱讀途中，各位也感受到大腦在忙碌的運作，就表示各位已經準備好愛上化學了。應該說，已經愛上了！我特別推薦這本使人「入坑化學」的書給正迎接美好未來的國高中生們。

　　Welcome to the World of CHEMISTRY!

文回利　梨花女子大學化學系教授

學生時代討厭的化學，竟然是家事好幫手

想不到學生時代那麼討厭的化學會變成我們的家事好幫手。各位也一起來認識讓生活更便利舒適的化學的有趣魅力吧！

辛愛羅　演員

化學知識的普及，就從認真做家事開始

光書名就不同凡響。到底為什麼要叫《寫給懶人的神奇化學書》呢？但在讀完家事生存戰的有趣經驗談和逐一受到仔細驗證的貼近生活的絕妙對策後，就能產生只要能機智的運用化學原理便可以更懶惰的過生活──準確來說，是能將更多時間運用在想做的事情上，並提升人生格局──的希望。我總是在課堂上告訴學生，只要好好理解「酸鹼中和」和「氧化還原」反應，就能解決世界上幾乎所有的問題。在不知不覺中讀完整本書之後，我環顧了四周，並燃起了要從堆在廚房水槽的碗盤和浴室斑駁的地板開始清理的欲望。越是實際動手執行就越能了解，而越是了解就越能勾引好奇。化學知識的普及，就從認真做家事開始。

李東桓　首爾大學化學系教授

用讀一遍的小小勤勞，享受一勞永逸的懶惰

　　在未經證實的假消息漫天飛舞的世界，本書就像一道以化學為根據、正確告訴我們生活知識的光！在經營餐廳時，有很多在做料理或打掃時發生的現象令我感到十分好奇，但讓人失望的是，在網海翻騰多時，搜尋到的都是未經證實的奇怪答案。讀到本書時，我像是茅塞頓開，突然領悟了世界運作的原理和規則。同時，現在我可以懶惰了，不用混合使用各種清潔劑，就能輕鬆地把焦黑的平底鍋洗乾淨。

　　我們生活的世界是由化學組成的，所以不懂化學必定蒙受不少損失。不只是像我這樣經營餐廳的人，這本書對家庭和生活各方面都能提供實質幫助。只需要花費閱讀一遍的小小勤勞，就能享受一勞永逸的懶惰。

李振炯　PIZZERIA O主廚

像在和好朋友聊天般,從此不再畏懼化學

　　《寫給懶人的神奇化學書》是一則獻給畏懼化學的所有懶骨頭們充滿歡笑的救援訊息。就像是在和好朋友聊天般,本書輕鬆地說明複雜的化學世界,並等著「化學反應」一詞在各位的腦中轉變為「化學趣味」。作者以精湛文筆將化學的精髓轉換成豐富有趣的日常小故事,並帶領讀者經歷快樂的化學反應。透過本書,你會理解到化學其實是我們在日常遇到的玩笑中隱藏的智慧。

李喜承　韓國科學技術院化學系教授

重新認識化學是能解決生活問題的工具

　　大約22年前,在我讀研究所時,李光烈教授總是認真騰出時間研究化學,並教導我們實驗技巧、點出注意事項的樣子,仍歷歷在目。想不到現在,他會像這樣教導國民如何在打掃、保養品等日常生活中簡單活用化學的方法。

　　我們在學校都學過化學,卻感受不到有趣的原因是什麼呢?大概是因為學習內容僅止於教科書,而化學能作為解決日

常生活問題的工具這點沒有被認識到。這本書以簡單並有趣的方式，說明了如何在現實生活中應用教科書上所教的氧化還原反應、酸鹼中和反應等，利用我們熟悉、能使麵包膨脹的小蘇打粉（碳酸氫鈉）和食醋來清潔浴室地板；用檸檬含有的枸櫞酸（檸檬酸）代替食醋的內容也很新鮮；還學到氫鍵和保濕劑的作用原理有關；被作為氧化劑使用的過氧化氫能消除浴室的斑漬；最後，像是用「天然漂白水」等，用化學原理明快地駁斥網路上錯誤資訊的內容也令人印象深刻。

不只一般大眾，對國高中生而言，這是一本可以教他們如何將化學具體應用在生活上的好書。希望這本書能賦予許多學生學習化學的動力，並幫助他們進行生涯探索及規畫。

趙炯勳　正義女子高中化學老師

前言

人人都應該成為懶惰的化學家

　　我認為人生非常短暫。我來到世上學習並成熟——成長為完全獨立的研究者所付出的時間——花費了32年之多。其中設立實驗室並和學生們一起進行研究就有20年,但這20年的歲月,也不過是為了進入更高階研究的準備階段。現在終於漸入佳境,退休之日卻也離我不遠了。接下來能全心投入做研究的時間已經剩下不到20年,所以我才會像罹患時間強迫症那般地生活。

　　孩子出生到這世上後,每一天相處的時間都無比珍貴,一家人一起旅遊、分享美食,笑著愉快度過的每一分每一秒,這些時間為何竟如此短暫?!美好珍貴的事物總是稍縱即逝,還來不及回味,就已經像箭一樣飛逝了。

　　第一次見面、墜入愛河、牽手、互相望著對方,那時的我們既年輕又稚嫩、美麗也帥氣⋯⋯收過這份名為年輕的禮物的所有人應該都經歷過吧。而今時光飛逝,皮膚失去彈性、年輕時的美麗和帥氣也都消逝了。我妻子開玩笑地說:「你以前只是不好看,現在又老,又病,又不好看。」坐著要起立時關節

喀喀作響,還會脫口而出「唉呀」等嘆詞。青春給我們的美好效期很短,這麼短暫的時間若都花在互相爭吵和悲傷的想法上,未免太可惜。

我們用各種不同的行動填滿一天,然而,做真正重要的事和專注於享樂的時間並不長。我們早上用來化妝、整理髮型,然後通勤上班的時間相當長。我們還要做飯、洗碗;洗、晾、摺衣服;打掃家裡的各個角落好過生活。辛苦半天也像沒做一樣,看不出有清潔整理過,但總要有人做,才會像個能住的家,家人才能舒適並健康地生活。是啊,一起吃飯的時間、在乾淨的家裡一起看電視哈哈大笑的時光很享受吧,不過洗碗和打掃可就不那麼令人開心了。(當然,也是有喜歡打掃的人啦。)

因為這樣,我才會想向大眾推薦化學式生活。不用特別費心也能讓家裡變乾淨。縮短打掃、洗碗的時間,家人間聚會和對話的時間就會增加;能投資在自己人生重要目標的時間也會增加。化學式生活不需耗費體力,可以一邊偷懶,一邊做很多的事情。只要具備所需的知識,每一個家庭成員都可以實行。

《寫給懶人的神奇化學書》是專門為難以從忙碌的日常中

擠出時間給自己的人所寫的書。透過這本書，我想為不論是想要成為「懶人」，或是因為現實情況不允許而非自願成為「勤勞人」的所有人攢下一些些時間，作為禮物獻給他們。各位只要用輕鬆的心情閱讀，其中如果有記得的幾項，請試著在生活中用看看。請省下平白丟失的時間，並將它們轉變為人生中更美麗和寶貴的瞬間吧。把我們的人生都花在清除黏在碗裡的飯粒，就太可惜了。

・目錄・

推薦序　005

前　言　人人都應該成為懶惰的化學家　011

PART 1　化學教授帶頭聰明偷懶輕鬆擁抱 Me Time⁺

Chapter 1　懂點化學，偷個懶家事清潔不打折

1　懶人這樣洗碗　023

2　一想到廚房抽油煙機的油垢就頭痛嗎？　026

3　懶人這樣洗碗（升級版）　029

4　菜瓜布裡的細菌，不除不行啊！　031

5　懶人處理外賣餐盒的小技巧　034

6　這樣使用「醋＋小蘇打」，才安全、有效　036

7　燒焦的鍋子這樣清洗省力又乾淨？　040

8　撒幾粒小顆粒就能保持閃亮乾淨的浴室　044

9　懶人就該這樣清潔馬桶水箱　048

10　是清潔馬桶水箱，還是馬桶本身？　050

11　超愛乾淨的人必知的馬桶清潔法（化學高級應用篇）　052

12　不必用力！淋浴玻璃門的化學式清潔法　055

13　超神！水龍頭和鏡子的水垢自動消失　058

14　效法專家，浴缸、洗臉盆都洗得亮晶晶　060

Column　清淨家園所需的購物清單　064

Chapter 2　懶人化學家的秒速清潔妙招

1　小蘇打、蘇打、過碳酸鈉可以混合嗎？實用洗衣配方！　067
2　掉色嚴重的衣物要這樣處理　070
3　用護色防染吸色紙洗衣服，就不用擔心白衣染色？　072
4　愛T上的老舊汙漬除不掉，又捨不得丟，怎麼辦？　074
5　家政達人必修的洗衣機、洗碗機、排水口的清潔管理　077
6　這樣消除廁所和冰箱的怪味　080
7　懶人也能輕鬆辦到的牙刷清潔管理法　083
8　活用化學減少腳臭和鞋櫃的異味　086
9　化學高手才知道的蘇打除臭祕訣　089
10　敬告被懶人化學家蠱惑而日夜做打掃實驗的人　092
Column　善用時間的力量，聰明偷懶的打掃法　094

Chapter 3　從頭到腳保持光彩煥發的清潔祕密

1　埃及豔后保養肌膚的祕訣　097
2　戰痘必先認識水楊酸　100
3　皮脂不多不少才能真的只要青春不要痘　104
4　暢銷毛孔清潔產品的祕密　106
5　皮膚又乾又癢，睡不著怎麼辦？　110
6　防止黑色素生成，雀斑、黑斑不上身　113
7　保濕霜讓皮膚保持濕潤的祕密　116
8　礦物油和凡士林用對地方是好油，用錯地方就糟了　119

9　誘人親吻的豐唇真的有夠辣　122
10　毛躁的頭髮變得柔順有光澤的祕密　125
11　頭髮漂色會損毀髮質的原因　128
12　想要頭髮染色漂亮、持久又不傷髮質？　131
Column　培養懶人化學家的自覺，開啟美好生活　136

Chapter 4　了解有害物質，不過度恐慌的健康之道

1　苯芘是什麼？為何會致癌？　139
2　如何避開會誘發癌症的PAHs？　144
3　電子菸所含的丁二酮恐引發終身不治的肺疾　148
4　反式脂肪很恐怖，錯誤用油導致酸敗更傷健康　151
5　次氯酸水可以去除殘留的農藥嗎？　154
6　果皮裡的農藥能清除嗎？　157
7　隱藏在碳酸飲料鋁罐、瓶裝水中的環境荷爾蒙　159
8　幼稚園、國小的孩童使用香水真的適合嗎？　162
9　精油、草藥真的有治療效果嗎？　165
Column　健康快樂的生命之旅　168

Chapter 5　活用化學知識，輕鬆擺脫居家害蟲

1　如何消除棉被裡的塵蟎？　171
2　用殺蟲劑消滅吸人血的臭蟲，不如用高溫清洗　173

3　撲滅出沒家中螞蟻的方法　176
4　可怕的蟑螂，用「硼砂吐司」就能消滅　179
5　消滅來無影去無蹤的惱人果蠅，超簡單　182
6　活用矽藻土，既能除濕，還能刺死蠹魚？　184
7　嚙蟲不貪甜，菊花是牠的剋星　187
8　驅蟲筆、菊花和頭蝨有什麼關聯？　189
9　消滅螞蟻就能防治花圃的麻煩精蚜蟲　192

Column　生命和健康都是化學的延伸　194

PART 2　1%知識分子才知道的化學小故事

1　化學式生活法：觀察、思考與實驗　198
2　在打掃前先分析汙垢的化學組成（汙垢攻略篇）　202
3　公式得證：善用化學力自然能懶得有理　206
4　懶人的洗衣祕訣：正確認識清潔三寶　211
5　高溫下，小蘇打會分解出蘇打，弱鹼變強鹼　215
6　沒有羥基的小蘇打為何是鹼性？　217
7　小蘇打和食醋會發生劇烈反應的原理　220
8　覺得蘇打洗碗太可怕？那就別吃鬆餅了　222
9　喬遷、年節拜訪親友最貼心的賀禮　226
10　為什麼蘇打溶於水時會發熱？　228
11　蘇打會溶於水並非偶然，而是必然？　231

12	懶人的朋友，過碳酸鈉的牢騷 233
13	過碳酸鈉是環境友善的物質？明明吃了會死！ 236
14	對酸性、鹼性有所了解，能避免打掃釀成禍 239
15	酸和鹼行中和反應不一定產生中性物質 243
16	氧化不全然都不好，至少鹽讓食物更美味 246
17	既然學了氧化，當然也要了解一下還原 249
18	給化學菜鳥的「氧化⇌還原」總整理 253

PART 3　懶人們，唯有這件事千萬不要做

1	懶人不必裝勤勞，化學實驗就交給專業 258
2	給過度熱中打掃之人的肺腑之言 261
3	使用過碳酸鈉時，絕對不能做的事 263
4	辨別氧系漂白劑和氯系漂白劑危險度的方法 266
5	天然漂白水？跟獨角獸一樣不存在 269
6	懶人應該遠離噴霧罐的理由 272
7	為了安全生活，今後絕對不能做的事 276

後　記　享受身體懶惰、腦袋比誰都勤勞的生活 279

PART. ① 化學教授帶頭 聰明偷懶輕鬆 擁抱Me Time

Chapter 1

懂點化學，偷個懶
家事清潔不打折

懶人這樣洗碗 1

　　盡可能省下最多的時間,並將剩下的時間用來偷懶,是我的首要目標之一。沒有什麼比花時間來洗碗更令人惋惜的了。當然利用洗碗機也可以節省時間,但我總莫名的不想用洗碗機,不過是幾只碗盤,搞得複雜得要死。

　　說起在家洗碗時會遇到的困難,大概是這些吧——1.油膩膩的鍋具和碗盤;2.黏著乾硬飯粒的碗。作為一名化學家,上健身房時自然會對自由重量(啞鈴、槓鈴等重訓器材的統稱)行使物理力,但面對脆弱的飯碗,我不想出半點力,只想最大限度地活用化學方法,以減少我實際洗碗所要花費的時間。

　　油水不互溶。就好像非洲塞倫蓋提國家公園裡的草食動物會躲避肉食動物一樣,油和水也會互相躲避。洗碗精就扮演了

將大的油分子團變成小的油分子團並分散於水中的角色。但是，一開始油和水要混合到什麼程度，才能更快速地完成洗碗呢？

　　草原上的動物也有不分草食、肉食混在一起奔跑的情況，那就是野火燎原的時候。在性命交關時刻，所有的動物都會發狂似地奔跑。那麼在不用洗碗精的情況下，有什麼方法能讓油和水先混合到一定程度呢？是的，只要把熱水倒進油膩膩的鍋具裡，油和水就能一定程度的融合。這時候再加入洗碗精，就能比使用冷水來得更快速清除碗盤上的油分。

　　黏在碗盤上的乾硬飯粒的主成分是澱粉對吧。所以只要裝滿水浸泡就可以了。一般來說，長則5分鐘，泡水的飯粒會膨脹，就能輕鬆洗碗了。我洗碗的順序是這樣的：

1　將飯碗裝滿水並浸泡。
2　用廚房紙巾將沾了很多油的平底鍋或湯鍋的油先擦掉一次，然後將鍋具**裝滿熱水後，再加入洗碗精**並放置一旁。
3　幾乎不需要用到洗碗精的碗盤，則用加入少量洗碗精的水搓洗一遍，再放進裝有清水的盆子裡。
4　搓洗飯碗並放入步驟3的盆子裡。

5　用流水和菜瓜布去除洗碗精並洗淨碗盤。

6　最後再清洗平底鍋或湯鍋。

偶爾如果叫了比較油膩的外送食物，附著在塑膠容器裡的油分會非常不好去除，尤其如果還沾有紅色辣椒粉就更難清了。這種時候，我會在容器內倒滿熱水、加入洗碗精、蓋上蓋子搖一搖，再靜置幾小時。這之後再來搓洗塑膠容器的話，就能很輕鬆地洗乾淨。可能有些人會不喜歡水槽裡有東西，但對我而言，我的時間更寶貴，就算只是1、2分鐘，只要省下並累積起來，都是可以偷懶或做其他事情的時間。

TIP：懶人化學家的生活小知識

五花肉的油脂或奶油凝固在碗盤上該如何處理好呢？沒錯，倒入熱水等油分融化後再添加洗碗精就可以了。洗碗的時間長短取決於食物和碗盤的分離時間，因此只要專注於這個目的就好了。

一想到廚房抽油煙機的油垢就頭痛嗎？

每次煮飯時，不免會看到瓦斯爐上方的油網，「嗯……該找一天來打掃了。但油膩膩的油垢該怎麼清除呢？」應該有不少人有過這種念頭吧。

就讓鑽研化學超過35年的我，為大家提出化學式解決對策吧。「你被催眠了！懶人們，到網路商城搜尋蘇打粉並且下單吧。」

蘇打是粉狀的，化學分子式是Na_2CO_3，也稱碳酸鈉。蘇打極易溶於水，並且會形成強鹼性溶液。而俗稱燒鹼的氫氧化鈉（NaOH）或是氫氧化鉀（KOH）等強鹼，如果遇到油脂行化學反應會製造出肥皂。

同樣的原理，蘇打雖然不是氫氧化鈉那樣的強鹼，但若遇到油脂，也能慢慢形成肥皂。只要利用這個現象，就能將濾網上的油垢清除掉。方法如下：

1　首先，請戴上橡膠手套和護目鏡（不戴也可以，但務必非常小心）。
2　將約1/4杯的水裝入塑膠碗。
3　再將約1/2～1杯的蘇打粉加入水中並混合。
4　會變成蘇打粉糊對吧？現在請將粉糊塗在濾網上，並用塑膠刷刷濾網間的縫隙。
5　之後靜置於水槽或浴缸裡5～30分鐘左右（可依油垢的嚴重程度決定浸泡時間）。
6　邊用水沖邊用刷子刷洗，就洗乾淨了。

或是也可以這麼做：

1　將濾網平放在水槽或浴缸底部，加熱水至蓋過濾網的高度。
2　將大約1～2杯的蘇打粉加入水中，攪動濾網使蘇打粉與水混合。
3　稍微刷一刷。靜置5～30分鐘左右之後，用刷子刷一刷並且用水沖洗乾淨。

特別油膩的鍋子、烤箱全都可以用同樣的方式清潔。只要在蘇打粉中稍微加入一些水，使其變成像牙膏般的黏稠狀態，再塗在沾有油垢的鍋子、烤箱、微波爐內等表面。依據油垢的狀態等個5～30分鐘後擦掉，再用濕抹布擦拭幾次，就能達到想要的結果了。

這裡的重點有兩個：1.利用蘇打粉將部分油垢變為肥皂然後清除。2.為了讓蘇打粉和油脂作用，需要靜置一段時間。如果在網路上爬文，會看到有人說不知道蘇打粉到底有什麼效果的評論，那是因為他們沒有用對方法。必須靜置足夠的時間，讓蘇打粉能和油脂起化學反應才行。

懶人們今天也不是靠體力，而是利用化學反應成功完成打掃了。區區油垢一點都不可怕。

> **TIP：懶人化學家的生活小知識**
>
> - 蘇打和脂肪酸是依下面的反應形成肥皂。不須全部的油分都變成肥皂，只要能除掉碗盤上的一部分，整個去油程序會容易許多。
> $Na_2CO_3 + 2RCOOH \rightarrow 2RCOONa + CO_2 + H_2O$
>   此處的RCOOH是有機酸的分子式、RCOONa是肥皂的分子式。
> - 還有另一點要注意。如果濾網是不鏽鋼製，就可以照這個方法清潔；如果是鋁或銅製的，則要塗完蘇打粉糊後馬上刷洗。若不這麼做，鋁和銅金屬可能會嚴重腐蝕。

懶人這樣洗碗（升級版）

我突然想到。家庭主婦們是否都會為了保護雙手而戴橡膠手套洗碗呢？我問了我的妻子，她說身邊的人都會戴手套洗碗。如果是這樣的話，那麼有件事我一定要分享給大家。這個方法不適合徒手洗碗的人，但如果習慣戴手套，這個方法不僅能更節省時間，效果也更好。前面提過，洗油膩的鍋子和碗盤時，先裝滿水後，再倒入洗碗精放置的話，能縮短洗碗時間對吧？現在我要告訴大家一個更快速、效果更好的方法：

1 用濕的菜瓜布沾一下（裝在碟子裡的）**蘇打粉**，然後搓洗有油分的碗盤表面；其他的碗盤也用同樣的方式清潔。
2 所有的碗盤都用蘇打粉搓洗過後，再用加水稀釋的洗碗精洗

一遍。

3 接著再拿另一塊乾淨的菜瓜布,就著水龍頭沖水搓洗碗盤至清潔。最後將碗盤放到餐具瀝水架就結束了。

結束時各位多半會大喊「大發現!」因為碗盤真的乾淨到用手指摩擦時會吱吱作響。這個方法能把平常為了去除油分所花費的時間,減少至幾分之1的程度。

我只記得一件事,==用蘇打來清除油垢真的是最棒的。畢竟是將油脂轉化為肥皂,效果自然好。只是在使用蘇打粉時,一定要戴好橡膠手套保護雙手。==

希望從此各位不再為洗碗感到痛苦。

TIP:懶人化學家的生活小知識

- 懶王曰:「沒試過者不信乎;不信者,耗費時間之多,如其不信之深。」
- 蘇打粉比小蘇打粉(碳酸氫鈉)的鹼性更強,能和油脂作用轉變成肥皂,所以是卓越的化學去油產品。由於可能會洗掉太多皮膚油脂,所以務必戴好手套再使用。
- 也可以使用小蘇打粉代替蘇打粉來洗碗。雖然無法得到同樣的效果,但比較不傷皮膚,不習慣戴手套洗碗的人可以試試。

菜瓜布裡的細菌，不除不行啊！

4

　　一般家庭會有的化學物品中，氯系漂白劑次氯酸鈉、氧系漂白劑過碳酸鈉和過氧化氫都能夠殺菌。漂白劑是利用叫作自由基（radical）的化學物質（chemical species）製成的，當自由基遇到細菌，會將細菌體內的酵素和DNA等全部破壞並殺死。

　　然而，氯系漂白劑次氯酸鈉的氧化力很強，連不鏽鋼都會生鏽，所以不太適合常在廚房水槽附近使用。

　　過氧化氫在藥局作為消毒用品販售。但是因為過氧化氫容易快速分解成水和氧氣，所以不適合用在期待消毒力長時間持續的情況。那麼，剩下可以用來消毒菜瓜布的是什麼呢？

　　沒錯，是過碳酸鈉。

過碳酸鈉會慢慢溶於水並形成過氧化氫；過氧化氫在水中要維持一定濃度相對容易，所以消毒力可以長時間持續。

　　不論再怎麼忙碌，菜瓜布還是要定時殺菌。照著下面的方法做就行了：

1. 在乾淨的水中加入1、2匙過碳酸鈉，接著把菜瓜布丟進去。
2. 在1上面再輕輕撒上過碳酸鈉。
3. 大約放置30分鐘即可。這種分量的過碳酸鈉並不會腐蝕菜瓜布。
4. 之後將菜瓜布拿出來，等水分蒸發掉後就可以重新利用了。

　　似乎有不少人對過碳酸鈉過度恐懼。過碳酸鈉溶於水之後會形成蘇打和過氧化氫，而蘇打和空氣中的二氧化碳結合後，再漸漸變成對環境完全無害的小蘇打。

　　此外，過氧化氫在環境中會很快分解為水和氧氣，所以真的不需要太擔心。過碳酸鈉就算流到環境裡也不會造成不好的影響。

> **TIP：懶人化學家的生活小知識**
>
> 過碳酸鈉能有效殺菌，但食醋、檸檬酸、酒精也有很好的殺菌效果。高濃度的酸性溶液會使細菌內的蛋白質變質而導致細菌無法生存；酒精也是以同樣方式殺死細菌。食醋和純酒精因為味道很強烈不方便使用，所以跳過，可以試試將3～4匙的檸檬酸加入約1杯量的水中，並浸泡菜瓜布，能製造出沒有細菌的乾淨菜瓜布。

懶人處理
外賣餐盒的小技巧

5

　　窗外雨淅瀝淅瀝地下著，讓人想起熱呼呼的辣牛肉湯。自己煮嫌麻煩、對料理手藝也沒自信的懶人們，多半會叫外賣對吧。「哈～」吃得很滿足，但一看到外賣餐盒心裡不免一沉；蓋子上卡了一堆紅色的辣椒油。「唉～」要洗乾淨才能丟回收啊。一點都不想動手。

　　曾用洗碗精清洗沾了辣椒油的外送餐盒的人就知道，不管用菜瓜布搓幾次，表面還是油油亮亮。因為沒完全去除油分，而會萌生疑惑「這個蓋子能被回收再利用嗎？」但如果大概洗一洗就丟掉，又會受到罪惡感折磨：「要是不能被回收利用，那要傳給後代子孫的環境不是又更髒了……」

　　為了陷在「不想連外送餐盒都要徹底清洗」的心情和對環

境的責任感之間煩惱不已的懶人們，我想提供一個簡單的解決方法。儘管我無法幫你解決你和現任因為第三者介入而糾結不已的心，但要去除沾黏在外送餐盒上的辣椒油，這種糾葛我倒是能稍微幫點忙。請試著這樣做：

1. 將外送餐盒裡的湯汁倒掉，並加入1匙蘇打粉。
2. 在外送餐盒裡裝入熱水至1/3滿，並蓋上沾滿辣椒油的蓋子。
3. 接下來呢？像在跳舞一樣，用力搖一搖，shake it shake it 大概搖個10次。
4. 將餐盒內的液體倒掉，用洗碗精稍微清洗後就結束了。

敬請享受清除辣椒油後內心所獲得的平靜吧。從此再也不需要因為隨手拋棄油膩膩的外送餐盒而感到罪惡了。

TIP：懶人化學家的生活小知識

- 清洗塑膠容器並丟到資源回收場，能大幅提升塑膠的再利用率。若是在帶有廚餘、油膩膩的狀態下丟掉，就真的會成為一般垃圾處理了。
- 油膩膩的容器只要先用廚房紙巾擦過一次，清洗就會變得容易許多。因為在化學的處理方式中，相對於要處理的對象，使用的化學藥劑的比重越高，則越簡單。

PART 1　化學教授帶頭聰明偷懶輕鬆擁抱 Me Time

這樣使用「醋＋小蘇打」，才安全、有效 6

　　食醋是酸，所以光用醋也能溶解洗臉盆或廁所的水垢，也就是碳酸鈣沉澱物。而小蘇打是鹼，所以可用來分解油脂或蛋白質造成的油垢並去除臭味，但是效果沒有蘇打來得強。

　　如果將這兩種各具優點的產品混合的話，會發生什麼事呢？就好比把兩名性格強烈的孤狼分入同一組做作業，會發生什麼事？

　　食醋的主要成分醋酸和小蘇打（碳酸氫鈉）相遇時，會產生中和反應，形成水（H_2O）和名為乙酸鈉（CH_3COONa）的鹽類，並且產生氣體——二氧化碳（CO_2）。

$$CH_3COOH + NaHCO_3$$
$$\rightarrow CO_2 + H_2O + CH_3COONa$$

醋和小蘇打則完全消失了。反應的過程中二氧化碳會飄散到空氣中,而液體水中只剩下叫作乙酸鈉的鹽類,這種鹽完全不具清潔力。混合兩種優秀的物質,得到的卻是什麼都不是?!

在網路上搜尋「打掃祕技」時,你很可能會看到有人在家採取了以下行動,讓我們來檢視一下吧。

1. **危險的行為——「試試看把醋和小蘇打粉混合使用?」**
   不先仔細確認或閱讀每個步驟,就真的將小蘇打粉撒在水槽排水口並倒入食醋。這樣的話,兩者會發生劇烈反應,二氧化碳會急速噴出,食醋的味道也會瀰漫整個廚房。不僅鼻子和喉嚨會感到刺痛,若是不走運,食醋還可能噴進眼裡。這就好像是往空氣中潑醋一樣,等於是有勇無謀地做出非常危險的行為。

2. **無謂的行動——「在廚房洗潔劑中加入醋和小蘇打粉,能做出超級清潔劑?來試看看吧」**
   在洗潔劑中加入小蘇打粉,然後慢慢倒入食醋並攪拌的話,

會產生二氧化碳而冒出泡泡。覺得「哇，真神奇！肯定是做出了某種了不起的酷炫清潔劑」嗎？差遠了。這不過是產生和原本洗潔劑去汙力相同的（洗潔劑＋乙酸鈉）組合。別說超級清潔劑了，反而白白浪費掉食醋和小蘇打粉呢。

3 **有意義的行動**

不過，要是能好好利用第2點，也可以幫助清潔排水口，也就是利用快速生成的二氧化碳！在排水口放上「洗潔劑＋小蘇打」的組合，然後倒下食醋看看。如此一來，在二氧化碳急速生成的同時，洗潔劑的泡泡會大量生成和破裂沒錯吧？這些洗潔劑的泡泡會在排水口的塑膠管中破裂，並靠著物理力將附著在管壁上的沉澱物分離。洗潔劑以化學方式作用的時間雖然近乎於零，但能利用物理力來去除汙垢。另外，鍋子裡食物燒焦沾黏時，若使用同樣的方法，也可以不用菜瓜布就分離出殘渣。

你問為什麼要同時使用洗潔劑嗎？洗潔劑扮演了一種緩衝機制。因為反應很激烈，所以可以稍微降低食醋噴到眼睛或皮膚的可能性。此外，洗潔劑的泡泡生成再破裂的過程，也能透過物理力分離汙垢。

很好,現在前面提到的三種行動中,什麼該做什麼不該做,各位應該不會搞混了吧?

> **TIP:懶人化學家的生活小知識**
>
> 二氧化碳是 CO_2、水是 H_2O、小蘇打是 $NaHCO_3$、蘇打是 Na_2CO_3、碳酸鈣是 $CaCO_3$、醋酸是 CH_3COOH。即便是陌生的分子式,只要常看,也會變得熟悉。我簡單說明一下這類分子式的表示方法,下方的小數字是代表原子的個數:二氧化碳 CO_2 有1個碳原子(以C表示)、2個氧原子(以O表示);水 H_2O 有2個氫原子(以H表示)、1個氧原子(以O表示)。

燒焦的鍋子
這樣清洗省力又乾淨？

7

　　首先，容我為即將清洗燒黑鍋子的你致上誠摯的哀悼。

　　在你動手之前，先釐清是在做哪種料理時把鍋子燒到焦黑非常重要！和砂糖一樣的糖類在溫度升高時，糖分子之間會形成-O-鍵而釋出水分子；如果仔細觀察蛋白質構造，胺基酸分子間有-C(O)NH-鍵；如果是中性脂肪，脂肪酸和甘油之間有-C(＝O)O-鍵。像這樣，根據化學鍵的種類選擇酸／鹼性溶液，可以把這些化學鍵斷開。

　　如果各位不小心將某樣食物燒焦時，分子間會最先產生這樣的化學鍵。若是加熱更久，分子間不僅會形成化學鍵，分子

們會被分解並會產生碳塊；碳塊不論用什麼溶劑都無法溶解。

既然這樣，鍋子燒焦後，各位該做的無非就是設法斷開分子和分子間的化學鍵對吧？如此一來，也許碳塊能稍微變小一些並軟化。如果使用浸水再用菜瓜布搓的老方法洗不掉的話，就只能靠更強效的物理化學式來處理了。

用以下的方法試試看吧。這裡只探討非常嚴重的情況。原則上如果能泡水，則泡水後再來處理是最好的。不過可能的話，讓我們先將燒焦的碳塊盡量處理得碎小一些吧。

方法1

在煮砂糖煮到燒焦的鍋子裡倒入「檸檬酸和水1：1的濃檸檬酸溶液」。30分鐘後，加入更多的水並靜置一晚。隔天用菜瓜布搓洗時，如果能搓掉，就心存感恩；如果去不掉，試著煮沸10分鐘看看，應該就可以用菜瓜布洗掉了。

方法2

在用油煮肉類、豆腐、牛尾湯等燒焦的平底鍋或湯鍋裡，讓小蘇打或蘇打的粉糊（如牙膏的稠狀）好好滲透到碳塊中。30分鐘後，加水並靜置一晚。同樣的，隔天用菜瓜布搓洗時，如果搓得掉就心存感恩；如果去不掉就試著煮沸10分鐘，應該就能用菜瓜布搓掉了。

方法3

無論如何就是想用更強烈的手段快速清理的話，就將過碳酸鈉溶入熱水裡，並使其好好地滲入碳塊中。 過碳酸鈉所釋出的過氧化氫會無差別地爆擊並試圖分解碳塊，所產生的蘇打形成鹼性溶液能分解蛋白質。靜置一晚後應該就可以用菜瓜布搓掉了。過碳酸鈉也可以用洗碗機用的洗碗錠（長得像藥丸）來代替。

還是沒解決嗎？那麼就要換成使用物理力了。

1. 請將水倒掉，並使牙膏狀的小蘇打粉糊好好地滲入碳塊，然後倒上食醋。此時會急遽產生大量泡泡，也就是二氧化碳。幸運的話，碳塊能幾乎完全脫落。為了防止噴到眼睛，請戴上護目鏡，手套也要戴。

2. 哎呀，這樣還沒解決嗎？請先狠狠地敲一下自己的頭並高喊：「我絕不會再把鍋子燒焦！」然後用家裡最強力的菜瓜布設法去除焦碳痕跡。但是，搓洗時請倒入小蘇打粉，再用菜瓜布用力搓一搓，因為小蘇打粉具有研磨劑的功效。用這種方法可以一併獲得頭上的一個包和肌肉。或者，可以將鋁箔紙捲起來做成一個球狀來去除鍋子裡的焦痕；也可以使用

鋼絲絨菜瓜布，如果必須用到更粗的鐵刷才行，想必你心裡一定很難受吧。

3 已經用上鐵刷了還有痕跡?!嗯，那就沒辦法了。請將鍋子舉到頭上，如螃蟹滑步走到資源回收場吧。當然，一定要大喊「我絕不會再把鍋子燒焦！」

TIP：懶人化學家的生活小知識

- 食醋或檸檬酸的功效相同，兩者都是有-COOH「羧基」的酸。檸檬酸的優點是味道不刺鼻；因為這個理由，我常使用檸檬酸代替食醋。前面提過「小蘇打＋食醋」，如果把食醋換成檸檬酸（小蘇打＋檸檬酸）也會發生相同的現象，請一起參考。
- 用鐵刷、鋼絲菜瓜布清洗會刮傷不鏽鋼表面，所以避免使用鐵刷或鋼絲菜瓜布是延長鍋具壽命的好方法。在拿起鐵刷或鋼絲菜瓜布之前，先試試看化學的方法吧。
- 使用過碳酸鈉殺菌或清洗不鏽鋼是沒問題的；次氯酸鈉會溶化不鏽鋼，但過碳酸鈉不會。

8 撒幾粒小顆粒就能
保持閃亮乾淨的浴室

　　我們家的男性——我和小狗里歐——被編派使用專用浴室。我們兩個是習慣將所有東西都原地放置的類型,加上男性體毛茂盛,我們所在的地方很快就會變得像是被獅子襲擊過般。雖然我們自己覺得是溫暖的毛毛窩,但其他家人卻不這麼認為。浴室自然也不例外,比起家裡的其他浴廁更顯髒亂。

　　不久前,太座大人下了一道命令,說我要在Naver發文或是做一名化學傳道士她都沒意見,但請我先做到保持浴室隨時閃閃發亮,不然的話,有客人想要使用浴廁時,這種狀態實在太令人羞恥了。

　　我是一個很懶的人。在想了很久之後,終於找到了一個方法。這個方法沒什麼了不起,只需要在水氣不容易乾燥的地

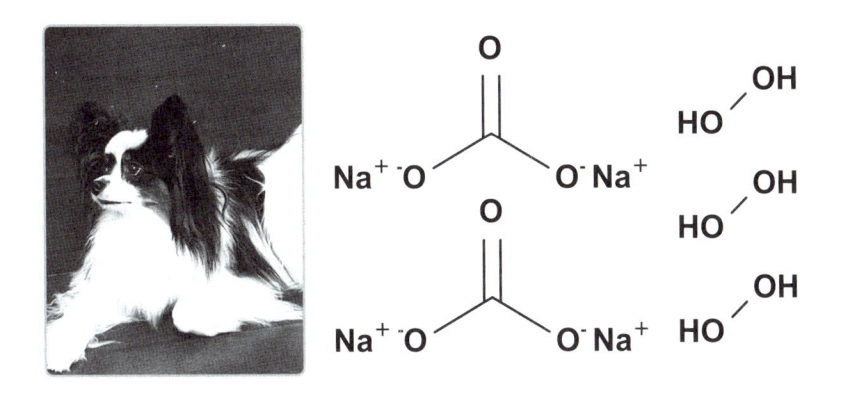

看似乖巧的里歐和過碳酸鈉的化學結構式

方，撒上幾粒過碳酸鈉粉末，這麼一來，細菌就無法生長。現在我和里歐共用的浴室已經能維持得白白淨淨的，太座大人雖然滿意，但我還是挨罵了，被唸說：「既然能做到，為什麼不早一點這樣做？」

今天早上沖完澡後，我當然也撒了幾粒過碳酸鈉粉末，浴室至今還閃閃發亮著。這天也順利地過關囉。

我想大概會有人問「會產生過氧化氫欸，那不是很危險嗎？」所以在此先做個說明：雖然過碳酸鈉溶於水，會產生我們用來消毒的過氧化氫，但區區幾粒過碳酸鈉粉末的程度，是很難對健康造成問題的，只要不硬用舌頭去舔撒了過碳酸鈉的

浴室地板就沒問題。這就像有正常大腦迴路的人不會去喝漂白水是一樣的道理。如果真的有這樣的情況（用舌頭去舔浴室地板），我想比起因為過碳酸鈉而引發健康問題，更可能立即發生噁心想吐的情況。事實上，就算是水，喝太多也可能致死，所以只要具備一定的常識，就不會出問題。

萬一家裡的過碳酸鈉沒有了該怎麼辦？如果撒浴室用的過碳酸鈉沒了，通常我會改撒檸檬酸粉末替代。真的沒必要為了買過碳酸鈉而特地出門一趟，拿家裡有的、效果差不多的來用就好。而且撒檸檬酸細菌無法生存，就不會產生異味和黑色的黴菌，可以維持美觀。

打掃浴室時，也有人會使用食醋。食醋能夠殺死細菌是不錯的辦法，但是味道實在非常難聞。檸檬酸和食醋都有相同的-COOH羧基，因此效果和食醋一樣。

所以說，如果嫌為了買過碳酸鈉出門麻煩的話，就在浴室的各個角落撒上檸檬酸粉末吧，細菌會大喊「啊，好酸」然後死光光喔。在洗完澡後撒檸檬酸粉末，如果下次洗澡時被沖掉了，就再撒，沒想到浴室清潔管理這麼容易吧！

以上與不想經常打掃而好耍小伎倆的懶人分享。

> **TIP：懶人化學家的生活小知識**

- 真的只要少量的過碳酸鈉就可以抑制細菌、黴菌的生成和生長，就像在荷包蛋上撒鹽巴那般，真的只需要撒一些些就好。齁唷，我說過要偷懶的吧，誰說要認真打掃了？真的只要一點點就夠了。
- 不久前妻子送了我一個禮物，是有蓋子的星巴克塑膠杯，我那時候還以為是咖啡而開心了一下😭。用這種容器來裝過碳酸鈉的話，用起來很方便。
- 如果用太多檸檬酸，浴室磁磚縫的填充物可能會被溶化殆盡，所以只能使用少量。

懶人就該這樣清潔馬桶水箱 ⑨

　　浴室馬桶水箱內的水垢看了很噁心吧？懶人是絕不會用物理方式去搓洗馬桶水箱的，因為用化學方式就能解決了啊。而且只需要把檸檬酸倒進去，然後等待。

　　檸檬酸如其名是一種酸，能有效分解卡在馬桶水箱的碳酸鈣水垢。把大約1kg的檸檬酸倒入並攪拌後，接著先放置一段時間，譬如早上倒進去，等晚上下班回家後就可以了。如果一次不夠乾淨，再多重複一、兩次即可。利用化學來偷懶吧！

　　還有一個方法，想知道嗎？各位都用過漂白水（次氯酸鈉）吧。但是說到次氯酸（HClO），知道的人可能並不多。次氯酸是氯氣溶於水所產生的，是非常強力的殺菌劑，殺菌效果

很好、沒什麼怪味道、對身體也沒有太壞的影響，但要避免直接接觸到皮膚或是跑進眼睛裡。

　　想必也有人會購買清潔馬桶水箱用的電解裝置，它的作用是透過電解自來水中極少量的氯化鈉（NaCl），也就是食鹽，來產生氯氣，然後氯氣與水反應產生次氯酸。所以，如果使用電解裝置，就要在水箱裡加入食鹽才能看到明顯效果。不過，透過電解裝置所製造出的次氯酸，在網路上可以用很便宜的價格就買到。也就是說，其實沒必要花大錢買電解裝置。如果卡在馬桶水箱裡的水垢讓你非常不舒服的話，只要偶爾倒一些次氯酸來維持水箱乾淨就好了啊。

TIP：懶人化學家的生活小知識

- 「要倒入1kg的檸檬酸？」可能有些人會對此大感意外。馬桶水箱1年頂多清潔個一、兩次就夠。1年使用1～2kg的檸檬酸來清潔馬桶水箱，並不會對環境造成負擔。況且檸檬酸也不是有毒物質，檸檬的酸味就是來自檸檬酸，大家都知道的不是嗎？
- 漂白水（次氯酸鈉）或是次氯酸遇到氨，會產生一種稱為氯胺的有毒物質。清潔馬桶水箱時，雖然沒有比漂白水更快速又有效的物質，但清潔後建議多沖幾次水。另外，如果有放次氯酸或次氯酸鈉維持水箱清潔的話，上完廁所後務必多沖幾次水，確保沒有大小便殘留在馬桶裡才行。

10 是清潔馬桶水箱，還是馬桶本身？

以最少的努力獲得最大的成效，這就是懶人的目標。因此若想要偷懶，就必須動腦思考。

現在就來針對馬桶動腦想想吧。比較看看水箱內的水和馬桶裡蓄水處的水，哪裡的水更髒呢？當然水箱也有可能是髒的，如果很久沒清潔，或是自來水廠沒有善盡職責，就可能會是髒的。但是老實說，就算1年不清潔，水箱也不會髒到哪裡去。那麼馬桶呢？是我們每天提供細菌所愛的大餐的地方。每天每天都在變髒。

假設馬桶水箱安裝了能製造出次氯酸的電解裝置，但這個裝置根本就無法製造出高濃度的次氯酸，因為它是利用水中含有的氯離子（Cl^-）製造氯氣進而產生次氯酸。但我們的自來

水中的氯離子並不多。只沖一次水時,馬桶壁上可能都還會附著殘留物,如果要以這個來消毒,水裡的次氯酸量是極度不足的。就算多沖一次水,補進了新的水,次氯酸的濃度也會變得非常低。所以如果想要達成「維持馬桶隨時乾淨」的目的,使用電解裝置註定失敗。

那到底該怎麼做呢?我們必須明確定義出需要被解決的問題。我們該做的是保持馬桶內的水的乾淨,所以直接消毒裡面的水才對。只要在上完廁所沖水後,放入一小撮過碳酸鈉,或是幾滴過氧化氫或次氯酸就可以了。請記住,要放漂白劑(或殺菌劑)的地方不是水箱,而是馬桶。重點!是要在沖完水的最後,為了維持馬桶乾淨而加入。

希望這些資訊有助大家偷懶。

> **TIP:懶人化學家的生活小知識**
>
> - 聽過有不少人抱怨使用電解裝置並無法維持馬桶乾淨。
> - 已經購買電解裝置的人,可以試著這樣做:上完廁所沖水後,等過幾個小時後再沖水一次。如此一來,因為水箱內次氯酸的濃度已經提升至一定程度,就能消毒馬桶了。

超愛乾淨的人必知的
馬桶清潔法（化學高級應用篇） 11

我發現，光是維持浴室乾淨，就能大幅提升生活格調。我們去高級飯店能感到大大滿足的要素，無非是寬廣整潔的床和又大又乾淨的浴室和浴缸，不是嗎？既能享受又不用動手打掃，超爽的。

所以，我們應該試著讓家裡的浴廁保持乾淨。如果能有如飯店再打折的水準，不就很好了嗎。然而，要讓浴室沒有味道，重點不在馬桶的水箱，而是要保持右圖中箭頭所指地方的水質清潔。同時，虛線標示的部分如有噴到X或Y而變髒的話，那整間浴室就絕對不會是香的。

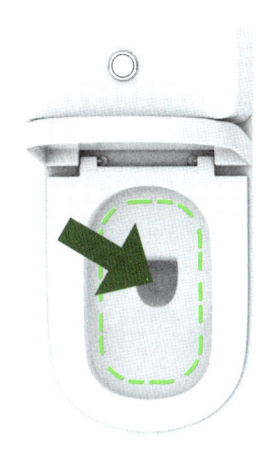

馬桶有一點點汙漬都忍受不了的人,請試試這樣做:

1. 上完廁所後先沖一次水。將1～2匙的檸檬酸輕輕撒在虛線部分,並用刷子或菜瓜布稍微清潔。
2. 再次沖水。
3. 將0.5匙過碳酸鈉輕輕的撒在虛線部分,並在箭頭的地方也撒入0.5～1匙的過碳酸鈉。放置直到下次需要使用廁所。

訪客突然說1小時後要來家裡,但浴室很髒怎麼辦?只要運用高級化學知識就可以了。如果因為客人說要來而使用漂白水清潔的話,就像是在跟人宣傳「我平常過得很邋遢」,所以

漂白水絕對母湯！步驟1、2請照前面說的做，新的步驟3請看下面：

3 於箭頭地方加入1匙過碳酸鈉，過碳酸鈉會沉澱至下方。從水的上方輕輕撒1匙檸檬酸，撒一些到馬桶壁上也行。這樣一來，兩種化學物質會在水中反應並冒出二氧化碳氣泡。別害怕，只是二氧化碳而已。**這時，被用在漂白、殺菌的過氧化氫也會一起生成，這個成分能同時殺死細菌。**

TIP：懶人化學家的生活小知識

- 鹼性的過碳酸鈉遇到酸性的檸檬酸會發生中和反應，而且會進行得很快。然而這兩種化合物相遇時，不只會產生水和鹽類，還會生成二氧化碳和過氧化氫，所以可利用所產生的過氧化氫殺菌。

$3Na_2CO_3 \cdot H_2O_2 + 2C_3H_5(COOH)_3 \rightarrow 3CO_2 + 3H_2O + 3H_2O_2 + 2C_3H_5(COONa)_3$

- 最重要的事我還沒說呢。如果廁所乾淨、沒味道，那麼門開著也沒問題。如此一來，廁所就不再是充滿濕氣的場所，細菌和黴菌也就難以生存了。請試著打造門開著也無妨的廁所吧。如此即可大幅減少大掃除的必要性和次數喔。

不必用力！
淋浴玻璃門的化學式清潔法　12

每次清洗淋浴間的玻璃時，不論是用清潔劑用力搓或用漂白劑清除，都洗不掉髒汙？針對因此幾乎想放棄的人，懶人化學家我可以肯定地說：「要解決它的方法可多了，馬上教大家一招把淋浴間玻璃變乾淨的化學方法。」

首先，需要準備幾樣東西：口罩、橡膠手套、檸檬酸、蘇打粉、清潔劑（洗髮精、洗衣精等都可以），還有稍微硬一點的菜瓜布。

為了不成為邋遢鬼，現在就開始打掃吧。請戴上口罩和橡膠手套（太久沒打掃所累積的汙垢，很可能會發出惡臭）。淋浴間的玻璃變髒，有兩大元凶：碳酸鈣沉澱物和汙垢（身體的皮脂、角

質、肥皂渣），這兩者彼此交融一起。

1. 首先用沾有檸檬酸溶液（檸檬酸和水以1：1混合）的菜瓜布用力搓洗玻璃。
2. 用水沖洗。
3. 接著用沾有蘇打溶液（蘇打和水以1：1混合）的菜瓜布用力搓洗玻璃。
4. 用水沖洗。
5. 再次用檸檬酸溶液搓洗並沖水；再次用蘇打溶液搓洗並沖水。這時候玻璃是不是變乾淨了。
6. 最後用沾有清潔劑的菜瓜布搓洗一次表面，然後用水沖乾淨，就打掃完成了！

在此簡單說明一下原理：酸性的檸檬酸溶液能溶化碳酸鈣，有效分解淋浴間玻璃的汙垢並使其剝落；鹼性的蘇打溶液能作用在油汙部分，使一部分變為肥皂，而讓更多的汙垢剝落。兩者依次序反覆做幾次，玻璃就會乾淨了。最後要再使用清潔劑清洗的理由，是因為清潔劑能將剩下的汙垢去除掉，而且其中的界面活性劑能稍微形成一層保護膜，使汙垢較不容易附著。

學會這招化學式清理後，客人來訪時，看到這麼乾淨的浴室一定會很驚訝，可能還會問你：「有什麼祕訣嗎？」這麼一來你就可以驕傲地說：「那是因為我化學很好。」

> **TIP：懶人化學家的生活小知識**
>
> 注意：說到要用檸檬酸和蘇打，可能有人會直覺地把兩者混合用，但這裡必須分別交替使用才行。如果執意混合使用的話，就太傻了，因為酸遇到鹼會產生水和鹽類，幾乎沒有清潔效果，等於是在用蠻力清潔，只會讓手臂變粗而已。記住，檸檬酸和蘇打必須分別交替使用才可以！

超神！水龍頭和鏡子的水垢自動消失 13

　　水中含有礦物質，其中的碳酸鈣成分（$CaCO_3$）一旦在水氣乾掉後就不易溶解。所以用水清潔水龍頭或鏡子時，表面留下的水滴只要經過1小時後，就會留下白色的痕跡（水垢）。

　　我已經說了很多次了，使用和檸檬酸同性質的物質就可去除這類沉澱物，所以有關清潔的方法就不再贅述。請去購買幾桶蒸餾水吧。價格不會很貴。如果是對打掃很認真的勤勞人，可以考慮購買便宜的蒸餾水製造機。

　　蒸餾水是把水煮沸後收集蒸氣所得到的水，裡面已經沒有任何礦物質，水滴乾掉後也不會留下白色痕跡。所以，請將蒸餾水裝入擠壓瓶，在清潔收尾時灑在水龍頭或鏡子上吧。蒸餾

水能將可能殘留在表面的礦物質清乾淨,這就是消除白色水垢的超簡單祕技。

> **TIP:懶人化學家的生活小知識**
>
> *p.s.* 當然,用乾毛巾將表面擦乾也可以,但也有人嫌這樣很麻煩,所以我才提出另一種解決方法。不想看到水垢,也不想多一道擦乾動作的人,可以試試這個方法。化學家政師一出手三兩下就解決,夠帥吧。
>
> *p.s.* 我們的牙齒堆積的牙結石(牙垢)主要成分就是石灰石。光用牙刷就想刷掉牙垢並不容易。牙垢就跟堆積在水龍頭或淋浴間玻璃門的汙垢一樣,只要使用檸檬酸或食醋就可以完全清除,或是酸性的可樂也可以溶解石灰石。但話是這麼說,用酸來溶化牙齒可不行。☺

效法專家，浴缸、洗臉盆都洗得亮晶晶 14

檸檬酸的結構式

　　檸檬酸的化學結構就是3個醋酸（組成食醋的成分）加在一起的模樣。各位應該對這個不太好奇，我會分享只是要說明檸檬酸也能有食醋的功效。

　　食醋可被用來清潔浴室的地板、牆壁，還有馬桶的內面，對吧？但如果將食醋稀釋使用，是毫無效果的，至少要濃度6～7%的食醋才能有效殺死細菌。所以直接使用市面上販售的

原液就可以了。

　　不過食醋的味道太刺鼻，我一點也不喜歡，所以我都用沒味道的檸檬酸代替。高濃度的檸檬酸溶液不僅有漂白效果，還可以有效去汙和殺菌。還記得我前面說過，如果用檸檬酸餵細菌，它會喊著「啊，好酸」然後死掉嗎？靠撒過碳酸鈉撐了一週的浴室，或許有些人已經開始手癢，想要來個浴室大掃除。如果你也有這個想法，請照下面的步驟試著製作很濃的檸檬酸溶液：

1. 首先戴好眼鏡和橡膠手套。
2. 在1杯水中加入大約相同體積的檸檬酸，並用不鏽鋼湯匙攪拌使其溶解。
3. 持續加入檸檬酸直到不再溶化。如果以重量判斷的話，大概是檸檬酸稍微比水重一些的程度。差不多就可以了。☺
4. 現在**這杯檸檬酸溶液非常危險，濃度超過50％以上。**萬一噴到眼睛會出大事，所以務必小心，絕不可以接觸到裸露的皮膚。
5. 請用海綿沾濃檸檬酸溶液來搓洗浴缸、洗臉盆等處，不需要太用力。
6. 浴缸、洗臉盆等處很快就可以看到黃色的髒水。各位可能會

浮現疑問：「這些髒水都是從哪來的？」如果有時間，等個10～20分鐘左右；如果沒時間，直接用蓮蓬頭把浴缸、洗臉盆等處沖乾淨，也能看見煥然一新的浴室。

7　（可做可不做）將蘇打粉與水混合，並用同樣的方式清潔浴缸和洗臉盆。這個步驟有時間時可以做，但不做也無妨。

依照上述方法用檸檬酸溶液清潔了浴缸和洗臉盆的人們，留下了以下的心得：

訂閱者1.
↳ 原來如此……原來不是因為表面磨損才變色，而是卡了汙垢……謝謝您……找回了我家浴缸的光明……

訂閱者2.
↳ 哇……白了一個色階！ㄏㄏㄏㄏㄏㄏㄏ，不是……這是什麼新世界……？

如果還有人抱持懷疑，我感到很遺憾。雖然製作濃檸檬酸溶液來打掃有很多優點，但是需要緊急清潔浴缸或洗臉盆時，要製作檸檬酸溶液也會是負擔。這種時候有個可簡單解決的小撇步。

1. 首先,先戴上橡膠手套武裝好;如果徒手進行,皮膚會受傷。
2. 將洗臉盆或浴缸的排水口塞住,並在上面撒上一兩匙檸檬酸。
3. 接著加入極少量的水(檸檬酸體積的一半左右),並以海綿沾檸檬酸和水一起搓洗洗臉盆或浴缸表面。由於檸檬酸易溶於水,用這個方法也能有良好的清潔效果。
4. 用海綿搓洗洗臉盆或浴缸表面幾次後,髒水就會出現了。
5. 最後拿起蓮蓬頭將洗臉盆、浴缸表面完全沖乾淨就結束了!

這個方法的缺點很明顯,既浪費檸檬酸又無法徹底清潔排水管等處。同時,也少了像在做實驗般的製作溶劑的樂趣。不過能緊急將洗臉盆或浴缸變得還算乾淨,也還不錯。單身獨居的人,當男/女朋友或父母突然來訪時,這是能發揮關鍵作用的方法。

> **TIP:懶人化學家的生活小知識**
>
> - 作為參考,我們所製作濃檸檬酸溶液的pH值大約是2左右,和胃酸的pH值相近。這種酸性強的檸檬酸溶液,要盡量避免和磁磚縫隙間的矽利康等部分長時間接觸,以免傷害表面。
> - 請小心不要讓濃檸檬酸溶液噴濺到眼睛和裸露的皮膚,也不要穿有顏色的漂亮衣服打掃,因為檸檬酸也是漂白劑,一不注意衣服可能就產生斑點。萬一不小心接觸到皮膚,請用大量的水沖洗。

清淨家園
所需的購物清單

　　現在準備好盡情偷懶了嗎？直到所有的家庭都能在化學式清理的乾淨環境中享受更多悠閒時光的那一天為止，讓我們持續努力吧。以下所列是懶人化學家和想擁有更多個人時間的每個家庭基本必備的化學物。

漂白劑 （原理： 利用自由 基活性）	• **次氯酸鈉**：去除老舊黴菌、清潔骯髒馬桶的效果極佳。但浴廁隨時保持乾淨的家庭不太需要。 • **過碳酸鈉**：維持廁所乾淨（防止黴菌、水垢）、去除排水口異味、去除衣物上的汙漬並殺菌。 • **過氧化氫（分成洗衣用和消毒用）**：可在藥局購買能有效去除汙漬，俗稱雙氧水的35%過氧化氫水溶液。
鹼性物質	• **水槽清潔劑（氫氧化鈉）**：疏通堵塞的排水管。 • **蘇打**：去除油垢（抽油煙機濾網、烤箱、微波爐、平底鍋等）、洗碗。 • **小蘇打**：去除冰箱異味、去除衣物異味。

酸性物質	- **檸檬酸**：清潔浴室、衣物漂白和軟化。 - **食醋**：利用和小蘇打粉的反應清潔自來水管。 - **沒氣的可樂**：除鏽。
有機溶劑	- **酒精（乙醇或異丙醇）**：可以去除簽字筆、蠟筆等汙漬。 - **指甲油去光水**：去汙。 - **WD-40多功能除鏽潤滑劑**：可以去除多種有機物的汙漬。
石粉	- **沸石**：去除濕氣。 - **貓砂**：去除冰箱異味。

Chapter 2

懶人化學家的秒速清潔妙招

小蘇打、蘇打、過碳酸鈉可以混合嗎?實用洗衣配方!

　　小蘇打和蘇打都是帶鹼性的鹽類,其中小蘇打所含的鹼性較弱,而蘇打的鹼性較強。兩者都能輕易在冷水中溶化。

　　過碳酸鈉則是溶於水時會產生過氧化氫(H_2O_2)和蘇打,而且在低溫時溶化得非常慢,因此洗衣時使用溫水會讓它快速溶解,並發揮過氧化氫的殺菌效果。使用過碳酸鈉洗衣服,不僅可以利用過氧化氫的漂白、殺菌作用,還能有蘇打幫助去油和除臭的效果。

　　那麼,油垢很多、不需要特別殺菌,又擔心褪色時該怎麼處理呢?嗯,只要使用蘇打就可以。

　　油垢、細菌髒汙多而且味道很重該怎麼清洗?在過碳酸鈉中追加蘇打就可以了,或是直接混合過氧化氫和蘇打也行。要

注意的是，過氧化氫用量過多的話，可能會稍微損害布料。

沒什麼味道、不想衣服變硬或洗壞掉的話又該怎麼做呢？那就單獨使用小蘇打粉。

接下來，換個有點棘手的情況；衣服沒什麼味道但油垢有點多，而且不喜歡衣服變得硬硬的，不太確定該怎麼處理時，混合蘇打和小蘇打使用就可以了。這樣會形成適當濃度的鹼性水溶液。

想著「啊，不管了，全部一起混著用」然後將小蘇打、蘇打和過碳酸鈉全都加進去會如何呢？不用擔心，這麼做也可以，只是效果和「過碳酸鈉＋蘇打」的組合差不多。

不過，有些情況就算使用蘇打洗衣服，油汙還是無法去掉。我們煮菜用的油是有機酸，化學結構含有-COOH羧基，而蘇打是鹼性物質。當酸性物質碰上鹼性物質會產生中和反應並生成肥皂，所以蘇打能去除油分。

但是並非所有的油都是有機酸，比如汽車潤滑油或焦油等就不帶有-COOH。沾到這些物質的衣服，就算用蘇打洗得再用力，油汙也絕對洗不掉。

那該怎麼辦才好？就利用物以類聚啊。必須使用可以將這類物質溶化的有機溶劑：利用乙醇（ethyl alcohol）、異丙醇

（isopropyl alcohol）、指甲油去光水、甲苯（toluene）、WD-40等溶劑就能解決。像這種情況，如果不懂化學是絕對無法解決的。現在明白需要學習化學的理由了嗎？！

TIP：懶人化學家的生活小知識

小蘇打的化學式是$NaHCO_3$；蘇打的化學式是Na_2CO_3。小蘇打、蘇打、過碳酸鈉（$2Na_2CO_3 \cdot 3H_2O_2$）三種物質都帶鹼性，而且透過網路都能買到，有時蘇打也會以「碳酸鈉」的名稱上架販售。

掉色嚴重的衣物
要這樣處理

2

　　俗稱明礬（Alum，化學式為$K_2SO_4 \cdot Al_2(SO_4)_3 \cdot 24H_2O$）的白色塊狀物，易溶於水。明礬最主要的元素是鋁，鋁的陽離子Al^{3+}可以為我們做很多很棒的工作。

　　衣服的顏色不是憑空出現，而是藉由染料染色而成。由於洗衣精帶有鹼性，所以在多數情況下，各式染料的化學結構都會溶於鹼性溶液中，使得洗衣時很難避免有色衣服不褪色。

　　那要怎麼做才能不掉色？介入衣物纖維和染料之間，將兩邊牢牢抓住是不是就可以了呢？明礬的鋁離子Al^{3+}可以為我們做到這件事。染料分子中有能和Al^{3+}強力結合的氧或氮原子們，Al^{3+}也能強力抓住布料纖維化學結構中的氧原子們。請試

著這樣做：

1. 在冷水中加入明礬使其溶化，明礬用量約衣服重量的1/100左右即可，然後將新買的衣服浸到明礬溶液裡。
2. 放置1小時左右，再用冷水沖洗乾淨，接著使用檸檬酸或食醋洗過一遍，然後脫水晾乾。用明礬處理過的衣服能明顯減輕掉色的程度。新衣買回家後，只要第一次清洗時這麼做就可以了。

TIP：懶人化學家的生活小知識

- 把鳳仙花的汁液塗在指甲上染色時，也使用明礬的話，就可以長時間維持指甲色彩。
- Ca^{2+}、Mg^{2+}等電荷大於1的陽離子也能緊抓住顏色分子。人體的汗水就帶有類似的陽離子，一旦陽離子緊抓著汗水裡的顏色分子，汗濕的衣服乾掉後就會被染黃，特別是白色和貼身的衣物。如果熨燙變黃的白襯衫領子，顏色就會永久殘留下來。所以，要養成白襯衫或貼身衣物穿過後馬上洗淨的習慣，一旦染上汗漬顏色，要去除就會變得很困難。

用護色防染吸色紙洗衣服，就不用擔心白衣染色？ 3

有一樣東西叫作洗衣護色防染吸色紙，洗彩色衣服時將它一起放進洗衣機洗，能防止衣物染料滲出染到其他衣服。它的原理其實非常簡單。

摻有洗衣精的水是鹼性的。在鹼性的水中，衣服的染料會形成陰離子狀態，而陰離子喜歡陽離子，游離的陰離子於是就附著在其他衣物上。請想像一下，從某件衣服跑出來的染料陰離子，在洗衣槽內游泳時看到了長相帥氣的陽離子，必定會被吸引，對吧？

護色防染吸色紙的表面附著許多陽離子，染料游離出的陰離子自然會因此吸附在護色防染吸色紙的表面。不過，效果也

不是百分之百，能附著在表面的染料量有限。

如果新買的衣服染色品質不佳時，很有可能會大幅掉色。我20幾歲讀研究所時，曾發生因為洗一件斯里蘭卡製造的新衣，導致一起洗的其他衣服全被染色的悲慘經驗。像這樣大量掉色的情況，只靠一片防染吸色紙是無法應付那麼多染料的。

記住，護色防染吸色紙雖然很管用，但也有其極限，可別太放心結果導致衣服被染色。如果真的發生了，還請看開點，以「讚啦！獲得一件粉紅色衣服！」的正面心態一笑置之。

TIP：懶人化學家的生活小知識

- 新衣買回來第一次下水時，希望各位能依上一篇寫的，用明礬處理後再洗。只要一開始就不讓衣服染料跑進水裡，染色問題即能大幅減輕。
- 即使用明礬處理過，最好先觀察幾次後，在考慮要不要跟其他衣服一起洗。洗衣時，衣服染料掉色嚴重的話，肉眼即可判斷，請不要貿然就跟其他衣物一起洗。

愛T上的老舊汙漬除不掉，又捨不得丟，怎麼辦？

老舊的汙漬實在很難去除。洗過的衣服還殘留著紅色的辣椒汙漬、紅酒漬、血跡等，可能有人會想著「這要靠專業才能清除」然後就送去洗衣店。但也有人會因為無法穿出門感到煩躁，卻又無計可施而把它丟掉。現在各位再也不必擔心這個問題了。為什麼？因為你們遇到我了啊！

首先，請仔細想想，剛沾到的血跡用水稍微擦一擦都能清掉，為什麼老舊的血跡卻不行？要讓洗衣精所含的過氧化氫等化學成分發揮去除汙漬的效用，就必須針對形成血跡或辣椒油顏色的化合物本身作用才行。如果形成汙漬的成分乾掉並交互黏在一起的話，裡面隱藏的汙漬成分就會無法去除。

1. 原理其實很簡單。首先,將辣椒油等油汙塗上純酒精、指甲油去光水等液體並搓一搓,暈開一些些也沒關係;血跡的話要先泡水,稍微加一些洗衣精浸泡也可以。不要整件衣服泡水,只要將染到血跡的部分放進摻有洗衣精的水裡,大概浸泡10分鐘就夠了。然後用手認真地搓一搓,有感覺到衣服浸濕、顏色有些暈開嗎?沒有的話,就再努力搓一下。有的話,接著進行下一步驟。

2. 血跡的紅色是來自血液中的鐵離子。所以,只要讓鐵離子游離,顏色就會不見了。將高濃度的檸檬酸溶液倒在血漬上,並用戴上橡膠手套的手搓一搓。用力搓!如果是辣椒粉導致的髒汙就不需要這樣搓,詳細參考3。

3. 將用來漂白的過氧化氫溶液倒入玻璃碗中,並將衣服沾有汙漬的部分浸入。過一段時間後,汙漬就會慢慢消失。如果沒有過氧化氫,也可以用過碳酸鈉。把沾有汙漬的衣角泡在少量的水中,並撒上1匙過碳酸鈉,這樣放著就會溶化且溶化的同時衣服上的汙漬也會慢慢消失。等汙漬完全消失,再洗一次就好。

※ 注意!根據染料的成分,有些彩色衣物光是使用過氧化氫或過碳酸鈉也會被漂白。請務必在不顯眼的衣角處先做測試後再進行3。

「只要用漂白水（次氯酸鈉）馬上就能解決。」可能有人會這麼想，但和過氧化氫相比，漂白能力極強的次氯酸鈉會將彩色衣服毀掉，所以不適合用來處理有色衣服的汙漬。並且，次氯酸鈉會毀壞布料的纖維束，所以沾到汙漬的地方很快就會破損。

以上就是該如何去除老舊汙漬的方法。

如果覺得步驟太複雜、不知道該怎麼去除辣椒油和紅酒漬，所以沒在第一時間就處理？……現在知道了吧。記住，務必在汙漬形成時就馬上去除。要是不想以後有「垢」辛苦，馬上處理才是最輕鬆、不麻煩的方法。

TIP：懶人化學家的生活小知識

今日的狗尿哲學：固化的汙漬，固化的習慣，都是花費了長時間形成的。要回到本來的狀態，必須耗費更多時間，所以凡事一開始就認真做很重要。從另一個角度來看，可知「不管是固化的汙漬或是習慣，只要花時間都能復元」，這完全取決於做與不做的個人選擇。

家政達人必修的洗衣機、洗碗機、排水口的清潔管理 5

　　近年使用滾筒洗衣機的人越來越多,比起直立式洗衣機,也就更加察覺不到洗衣槽外和排水孔有多髒,很可能長滿了黑黴,甚至產生黏液……真髒,嗯～光想像就倒胃口。說不定衣服再怎麼洗還是會有味道的原因,就出在骯髒的洗衣機。

　　洗碗機也一樣。排水孔因為有食物殘渣,所以也很髒。不過有簡單的解決辦法:

1. 什麼都不要放,只要在洗衣槽裡加入幾匙**過碳酸鈉**,並用熱水運轉一遍。這個不用常常做,偶爾幫看不見的地方殺菌就可以了。
2. 沒有過碳酸鈉的話,用**檸檬酸**也行。不過,檸檬酸的濃度要

高（檸檬酸：水＝1：10左右）才能達到和過碳酸鈉差不多的殺菌力。用檸檬酸清洗一遍後，還可以用小蘇打再洗一遍，順序顛倒也可以。但首選還是過碳酸鈉，只要加個2、3匙，細菌、異味和煩惱都bye bye。

家裡最臭、最難處理的地方是哪裡呢？浴室排水孔、廚房水槽排水孔，甚至是洗臉盆的排水孔，排水孔的異味真是個大問題⋯⋯

我們身體的汙垢充滿了細菌喜歡的飼料：油脂、蛋白質，甚至糖分，對細菌而言就是一桌美味的筵席。廚房水槽內的食物殘渣也一樣。生物要生存就需要水，而排水口常保濕潤，所以一時沒注意就會變成發出異味的細菌天堂。

看過第1章的人應該已經知道我接下來要說的：==洗完澡或洗完碗之後，請在排水口撒上少許過碳酸鈉==（只要幾粒就夠）。請放心，少量的過碳酸鈉所產生的過氧化氫，並不會腐蝕不鏽鋼網片或分解排水口塑膠管。

在排水口噴灑少量清潔劑也是值得推薦的方法。但過碳酸鈉是細菌殺手，能確實防止排水口產生異味。

依照我的過碳酸鈉處方清除浴室的水垢和黑黴的人，基本

上可以跳過浴室排水口,只需要處理洗臉盆和水槽的排水口就行喔。

TIP:懶人化學家的生活小知識

- 在家裡能殺死細菌的方法有以下幾種:使用帶有容易與其他物質反應的自由基的漂白劑、用熱水讓細菌內的蛋白質變質、利用酒精或酸性物質使細菌的蛋白質變質等。其中熱水可能會損壞水管,酒精或食醋則是味道不好聞太刺鼻;而漂白劑中,高濃度的次氯酸鈉會溶解塑膠水管,還可能腐蝕不鏽鋼,所以能用的地方有限。
- 因為上述理由,我推薦使用氣味較淡、和食醋的殺菌效果相當的**檸檬酸**,以及比次氯酸鈉溫和的漂白劑**過碳酸鈉**來殺死細菌。

這樣消除廁所和冰箱的怪味 6

　　不打掃只是凌亂，還勉強說得過去，但發出異味的話，就不是懶而是骯髒了。再怎麼懶，也不應該成為髒鬼吧？

　　家裡容易有嚴重異味的地方是哪裡呢？水槽或浴室排水孔等處會因為細菌腐敗而發出異味，我在前面章節已經告訴各位解決方法了。只要沒有細菌就不會腐爛，只要不腐爛就不會有異味。廁所通常都有安裝換氣扇，如果不是到交往對象家裡玩，突然肚子痛不得不強忍尷尬，一般來說，不論上完大號或小號，只要打開換氣扇就不會有太大問題。但人生難免有不測風雲，為了有所準備，還是先來試想幾種可能情況，並一一提出對策吧。

1 **在男／女朋友的家裡突然拉肚子時**
   - 沖澡吧。強勁的水柱會帶走飄散空中的氣味分子進入下水道。
   - 如果還沒發展到可以沖澡的關係,就噴衣物除臭劑,例如風倍清。風倍清真的能消除異味,所含的成分能抓住氣味分子。
   - 如果沒有風倍清,就將蓮蓬頭(洗臉盆水龍頭也好)的水開到最大後再上廁所。蓮蓬頭的水柱能抓住氣味分子並帶向排水口。

2 **想讓廁所感覺更乾淨／想去除冰箱裡的氣味時**
   - **活性碳**能吸收多種分子,可在廁所或冰箱裡擺放活性碳。
   - **小蘇打**可以處理氣味分子中帶有酸性的傢伙們,所以在家裡將小蘇打鋪開存放是個好主意。
   - 在廁所附近擺放小型**空氣清淨機**,濾心的活性碳會捕捉氣味分子。
   - 在家中擺放**貓砂**。貓的尿液氣味很重吧?既然貓砂可以捕捉貓尿的味道,對付冰箱或家庭廁所的氣味自然是小事一樁。

3 **當家裡有不容小覷的放屁隊長時**
   - 在放屁隊長附近設置空氣清淨機。話說睡到一半時,有可

能因為空氣清淨機的聲音變大而被吵醒,所以這個方法並不夠好。
- 當放屁隊長「拉警報」時,請他將屁股朝向空氣清淨機直到空難結束。

> **TIP:懶人化學家的生活小知識**
>
> 貓砂的主要成分是叫作礦砂(膨潤土)的凝結砂,是一種能好好捕捉和封鎖氣味的物質。

懶人也能輕鬆辦到的
牙刷清潔管理法

7

　　分享一個我家孩子還很小時，跟媽媽及外婆一起去浴場發生的事；雖然是由太太口述，但我至今印象深刻。那一天孩子們在浴場遇到了年齡相仿的朋友，那個孩子說：「我爸爸很會放屁。」於是我家孩子也不服輸地炫耀：「我爸爸的嘴巴很臭！」一旁的婆婆媽媽都忍不住笑出聲。每個故事的結尾都千篇一律，很自然的，我太太說完這件趣事後，滿懷愛心地說了一句：「所以怎麼能不經常刷牙呢？」

　　要是和牙刷更親密一點，也就不會發生這個令人哭笑不得的故事了。在看著牙刷時，我偶爾會有一個想法：「你的表面肯定布滿了昨天我口中的細菌和他們的後代吧？」各位是不是突然也很不想把牙刷放進嘴裡了呢？

趁此機會，跟大家說一個懶人也能做到的牙刷清潔管理法吧。

1. 刷完牙之後，請在牙刷刷毛間輕輕撒上檸檬酸。
2. 或在杯子裡裝滿檸檬酸，將牙刷頭整個插入一次後，再拿出來放到牙刷架上。
3. 要刷牙時，用水稍微沖洗牙刷並搓一搓即可使用。

大部分的細菌在高度酸性的環境中無法繁殖，甚至會死亡。牙刷上的細菌一吃到檸檬酸就會喊著「啊，好酸 ☹」然後死掉了。

另外，刷完牙沖洗完牙刷後，有很多人會將牙刷漂亮地掛起來，但很多懶人習慣「咚～」地把牙刷插在漱口杯裡。過一段時間後，牙刷握柄可能會變得花花的或是長出黑黴。如果聞看看味道的話，牙刷握柄會發出抹布般的味道。繼續使用這樣的牙刷可能會對健康造成很大的危害，建議馬上丟掉。

看到這裡想必各位都已經知道我對過碳酸鈉莫名的愛了吧？請在一個杯子裡裝滿過碳酸鈉，等刷完牙後，將牙刷的握柄部分直直的插入。牙刷的握柄沾了水濕濕的更好。少量的水

能溶化極少量的過碳酸鈉,並能產生蘇打和過氧化氫,而過氧化氫正可以防止細菌和黴菌繁殖。

當要使用牙刷時敲一敲抖掉即可,或稍微沖洗也可以。即便有幾粒過碳酸鈉粉末飛到牙刷刷毛上也不用擔心,只要撢掉就可以了。

如果是單身一個人住,在沒有訪客來訪時,家裡看起來凌亂一點也沒關係的話,可以這麼做:在洗臉盆水龍頭旁將過碳酸鈉粉末像雪一樣撒開,然後把牙刷放在上面,如此牙刷刷毛既不會有異味,握柄也不會發霉。所撒的過碳酸鈉粉末不需要清掉,放個兩三週沒問題。這樣看起來雖然不美觀,但是並不髒。

TIP:懶人化學家的生活小知識

- 啊,對了!**檸檬酸要洗掉才能刷牙喔**,否則會一邊喊著「啊,好酸」,一邊牙齒都被溶光光!
- 寫了「細菌喊著『啊,好酸 ☺』然後死掉」的表現方式後,開始有人會叫我「啊好酸老師」「啊好酸教授」。不僅如此,我還多了個懶人之王的「懶王」綽號。☺

活用化學減少腳臭和鞋櫃的異味 8

大蒜的味道

食醋的味道

起司的味道

形成腳臭味道的化學結構式

　　人的腳汗與在其中快速繁殖的細菌所形成的有機酸（RCOOH）和甲硫醇（CH_3SH）是腳臭味的元凶。

蘇打能和有機酸產生中和反應並捕捉氣味分子。各位是不是已經發現到將蘇打擺在鞋櫃裡的方法了呢？

接下來，還得捕捉甲硫醇才行，該怎麼做？-SH氫硫基化合物容易和銅或銀發生化學反應，所以怎麼做好呢？可以上網購買銅網鋪在鞋櫃，或是將銅網揉成球狀放進球鞋裡。此外也可以將銅製的菜瓜布直接放入鞋子裡，尤其運動完後立刻放效果最好。

總結一下消除鞋櫃異味的方法，可以透過1.利用蘇打和有機酸的中和反應；2.透過銅和-SH氫硫基間的化學反應來去除。

方法1

將蘇打裝進不要的襪子綁起來，然後放進鞋子裡。

方法2

將小的銅網球或是銅菜瓜布放進鞋子裡。

方法3

直接在鞋櫃一角擺放裝有蘇打的小碟子或一綑銅線也無妨。

只要偶爾將銅線浸泡在濃檸檬酸溶液中再拿出來用，就能永久使用。蘇打則是幾個月換一次即可。

對了，真的因為腳臭而煩惱，請使用防臭劑（止汗除臭劑）看看，就是在布鞋的鞋墊塗上止汗除臭劑（又沒有規定只能塗在腋下，但塗過鞋墊就不要再拿來塗腋下了）。鞋墊最好買2組替換清洗。

TIP：懶人化學家的生活小知識

給學生的實驗提案：食醋是有機酸，為酸性。在碗裡加入1匙食醋，然後聞看看味道。接著輕輕撒上鹼性鹽類的蘇打，會開始不斷冒泡泡。持續追加蘇打直到不再冒泡，然後用湯匙攪拌。此時再聞一次味道看看，食醋的氣味是不是消失了呢？這就是利用酸性物質和鹼性物質的中和作用來除臭的原理。

化學高手才知道的
蘇打除臭祕訣

9

　　食醋的味道很酸吧？食醋的化學式為CH_3COOH，而-COOH羧基正是味道的元凶。人的腋下也會釋放出含有-COOH的有機酸分子。這就是狐臭的原因。

　　各位學過了中和反應，就是酸和鹼相遇產生水和鹽類的反應。「有機酸？是酸欸？那麼只要讓它和鹼性物質中和不就好了？」如果能建立這樣的想法，各位可以說已經不再是化學菜鳥了。若是還能想到「鹼性物質啊……不是說蘇打、小蘇打這些是鹼性物質嗎？」那麼各位已經可以開公司了，因為蘇打正是去除腋下異味的止汗除臭劑成分。蘇打和有機酸$RCOOH$會產生中和反應，並且讓氣味分子無法飄散到空氣中。

萬一摸到有臭味的鹼性物質而味道跑到手上，各位會怎麼做呢？邊說「用酸不就好了」邊從容地拿出食醋或檸檬汁的人，堪稱化學高手。這同樣也是利用中和反應除臭的例子。

食醋的味道

起司的味道

形成腳臭味道的有機酸化學式

從上面的圖可以得知腳臭味（食醋、起司的味道）的主要元凶也是有機酸。所以有味道的襪子用蘇打洗也會變乾淨吧？穿去健身房、濕濕的狀態就放著而產生抹布臭味的Ｔ恤也可以用蘇打來洗。

怎麼樣？化學很簡單吧？

> **TIP：懶人化學家的生活小知識**
>
> 海鮮的味道是由Omega-3等有機酸和鹼性物質複合而產生的。那麼讓我們來想想，該怎麼去除海鮮的味道吧。先去除鹼性物質，然後再去除酸性物質就可以了吧？以酸性的檸檬汁、食醋或是檸檬酸溶液沖洗一次手，再用鹼性的小蘇打搓洗一次手如何呢？大部分有異味的物質，用酸性物質清潔後再用鹼性物質清潔一遍的話，味道都能去除。前後順序交換也可以。

敬告被懶人化學家蠱惑而日夜做打掃實驗的人

10

　　偶爾我寫的文章會出現在「Naver」首頁或是「知識＋」單元。除了訂閱我的網誌的粉絲外，也會有隨機瀏覽的人，其中有人會留下如「資源回收的垃圾幹麼要洗完再丟？」這種令人無語的留言後繼續潛水，或也有連動根手指頭都不動、不願嘗試，只會用文字賣弄蹩腳知識的人也不少。

　　已故的現代集團創辦人鄭周永會長曾說：「喂～你試過了嗎？」這也是我常和學生們說的話：「先試看看結果會如何吧！」「我們知道的事情才多少，怎麼可能全在腦中解決呢？要試了才知道行不行啊！」

　　==化學是一門非常實用的學問，要實際行動才知道很管用。==

舉例來說，要用蘇打洗過碗，親眼見證結果後才能明白並感嘆「哇，所以才會說好用嘛。」並且，親手摸到用蘇打洗過的閃閃發亮的盤子是一種享受，能讓人萌生自信，會讓人產生世界上沒有人能洗碗洗得比我乾淨的想法。

洗碗和打掃是靠嘴巴嗎？還是用腦袋呢？不論如何都一定得動手才行，要成為能用手把家裡裡裡外外清洗得亮晶晶的人才行。在這層意義上，各位可已準備好成為優秀的化學實驗家了呢。

TIP：懶人化學家的生活小知識

p.s. 要保持好奇心才會覺得這個世界很有趣。不僅止於腦中的想像，而是動手創造出成品，化學就能做到這點。今後也讓我們持續進行有趣的化學實驗吧。

善用時間的力量，
聰明偷懶的打掃法

　　遇見清潔三寶——檸檬酸、蘇打（擠下小蘇打）、過碳酸鈉——的懶人們，似乎都變得勤勞了呢。勤勞不是問題，但各位是否忘記最重要的事了呢？一起來自我檢視一下吧。

　　在清洗卡了油垢的濾網時，你是不是一塗完小蘇打粉糊，就期待濾網像魔法一樣馬上變乾淨？你有沒有才剛在淋浴間玻璃門上塗完檸檬酸溶液，就馬上拿起菜瓜布高喊「前進！出擊！」呢？如果有上述情形，那真是我始料未及的最糟糕狀況啊。

　　雖然知道懶人不愛學習，但為了可以更懶一點，還是先做個複習吧。一般而言，在滿足以下條件時，化學反應會更容易發生。

1　**使用高活性的化合物時**：請想像一見鍾情時的愛火。
2　**化合物的濃度高時**：第一印象不怎樣，但多見幾次後越看越

順眼。

3 **處於高溫時**：在遊樂園搭乘恐怖的遊樂設施時，錯將害怕緊張而變快的心跳，誤以為是因為喜歡隔壁的人而心跳加速。

就家庭生活而言，應該會盡量避免1和3的情況，對吧。既不想使用危險的化合物，也不想被燙傷嘛。那麼在家可以使用的就是2了。常見面的話會日久生情；清潔劑的濃度高，和汙垢相遇的機率也會隨之提高。

讓我們在2的情況中加入一個很重要的因素──就是「時間」因素。如果常常見面，又持續很長一段時間會怎樣呢？大多數的人會和經常並長期見面的人步入家庭。一樣的道理，我們也試著讓清潔劑和汙垢彼此看對眼吧。我的意思是要給予產生反應的時間。

總結來說，即便使用清潔三寶，有時也不一定能立即見效。請耐心等待，時間會解決一切。例如，將濃檸檬酸溶液塗在淋浴間玻璃門上之後，先喝杯咖啡再回來打掃吧。如此一來，即能感受到時間的力量。

最後再說一遍，請給予「時間」；沒有耐心的人，終究一事無成。

Chapter 3

從頭到腳保持光彩煥發的清潔祕密

埃及豔后
保養肌膚的祕訣

1

　　近來以乳酸（lactic acid）為主要成分的保養品十分受歡迎。據傳埃及豔后會用有酸味的驢奶泡澡。如果在家試著製作優格，會聞到明顯的酸味對吧？這是因為牛奶中的乳糖遭乳酸菌作用發酵轉為乳酸，所以，可以說埃及豔后其實是用乳酸在保養皮膚。

乳酸

乳酸顧名思義是一種酸，所以是有酸味的酸性物質。如果將含有乳酸的保養品塗在皮膚，能降低皮膚的pH值，有助對皮膚有益的乳酸菌生長，並有防止其他菌類附著的效果，例如能有效抑制雜菌在皮膚毛囊生長而避免冒出痘痘。

另外，乳酸能滲入皮膚細胞並幫助細胞生長，所以能使角質脫落，新的幼嫩皮膚長出來。乳酸還可與水分子形成很強的氫鍵，扮演著讓水分持續濕潤地留在皮膚的角色，達到極佳的保濕效果。

然而，乳酸並不是完全沒有缺點。皮膚的功能是從外部防止不好的物質侵入，如果過度使用含乳酸的保養品、讓皮膚每天脫皮的話，保護層受到破壞就可能產生問題。

如果使用含有約10％以上的高濃度乳酸保養品，隔天最好停用。想想看，新生兒的皮膚雖然美麗，但也十分脆弱吧。所以，再怎麼溫和的手段，如果每天像在皮膚科雷射換膚，肯定很痛。

請確認一下，你目前所用的洗面乳或是乳液等保養品中是否含有乳酸，或是AHA（果酸，alpha hydroxy acid）成分吧。一定要確認喔。

> **TIP：懶人化學家的生活小知識**
>
> AHA有很多種類，乳酸是其中一種。如果想更進一步了解含有乳酸的保養品種類，請上網用英文搜尋lactic acid exfoliant（乳酸去角質）或是lactic acid serum（乳酸精華液）看看吧。有各式各樣的產品，還有使用心得，只要找到適合自己的產品再購買就可以了。

戰痘必先
認識水楊酸

2

　　全民公敵的痘痘，對青少年少女來說更是一大難題。痘痘所引起的傷心事多不勝數，趁此機會來好好的解決它吧。長痘痘的原因很複雜，所以解決方法不只有一種，在此為大家介紹一個值得嘗試的解決之道。

　　怎麼做？不要急，天下沒有白吃的午餐，你總是要付出一點學習代價吧。現在就一起來解答。

　　下頁圖是乳酸和水楊酸（salicylic acid）的分子結構。若是－COOH中的碳（慣例上不會寫出C）是0號，乳酸是旁邊的1號碳連接著－OH，而水楊酸則是2號碳連接著－OH。

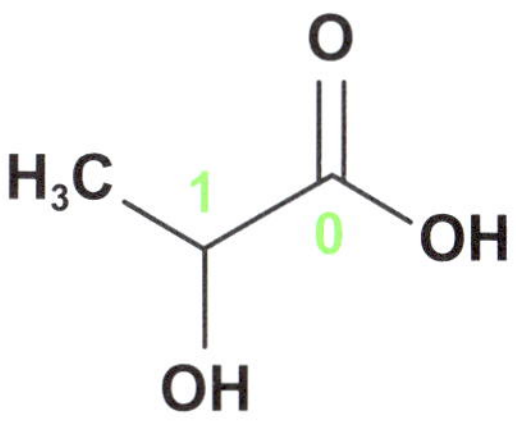

乳酸

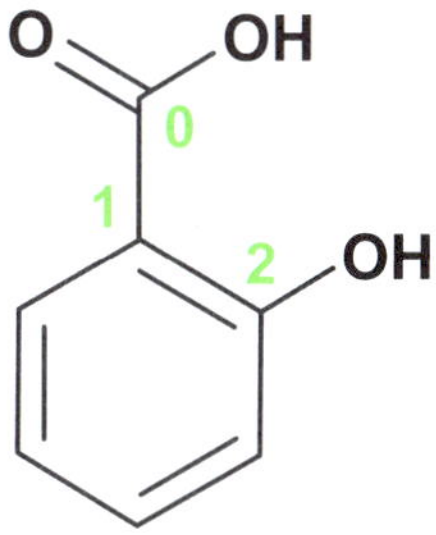

水楊酸

我們將1號位置叫作alpha；2號位置叫作beta。

乳酸是alpha處有-OH（羥基，hydroxy，或稱氫氧基），所以叫作alpha hydroxy acid，簡稱為AHA（泛指果酸）。水楊酸是beta處有-OH，所以叫作beta hydroxy acid，簡稱BHA。

保養品成分標示中，如果有AHA，十之八九是乳酸；若有BHA，則幾乎百分百是水楊酸。看到英文單字想必有些人

已經感到頭痛了。☺

水楊酸的-OH位置上的H，如果用-COCH₃取代的話，就會變成阿斯匹靈。沒錯，就是頭痛時吃的阿斯匹靈。學AHA、BHA感到頭痛的人，請吃一下阿斯匹靈吧。

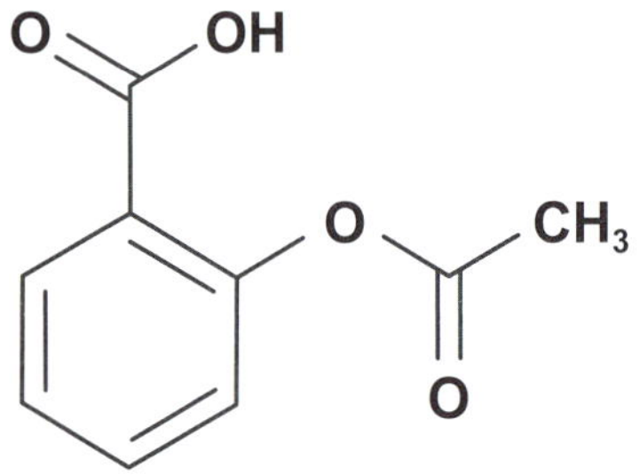

阿斯匹靈的分子結構

BHA水楊酸也是酸，有煥膚作用，能深入角質層使其易於脫落。去除皮膚老廢物質能防止毛孔堵塞，使細菌無法生存，因此BHA能有效防止冒痘痘或是緩和症狀，同時也是黑頭粉刺的特效藥。此外，也能塗在長雞眼或疣的皮膚上，讓它一點一點地剝落消失，從而打造光滑的肌膚。在低pH值，也就是高酸性的環境下，不只能使痘痘元凶的壞菌無法生存，還會留下對皮膚有益的乳酸菌，可說是一石二鳥。

TIP：懶人化學家的生活小知識

痘痘可以概分為五種類型：黑頭粉刺與白頭粉刺、丘疹型痘痘、結節型痘痘、膿皰型痘痘、囊腫型痘痘。其中，BHA只能解決白頭或黑頭粉刺，若要治療發膿的痘痘，務必去醫院求診喔。

皮脂不多不少才能
真的只要青春不要痘

臉上浮出的「油光」，也就是皮脂，是由什麼組成的呢？如下方表格所示，還真的是油分耶。

三酸甘油酯（triglyceride）＋脂肪酸	～58%
蠟酯（wax ester）	～26%
角鯊烯（squalene）	～12%

其實，皮脂為我們做的事很多：

1. 油不溶於水對吧？皮脂能鎖住皮膚所含的水分，使皮膚不乾燥，並保護皮膚不受紫外線（UV）或其他外部危害。此外，

皮脂能使皮膚柔軟光滑。

2 易溶於油脂的脂溶性維生素E具抗氧化作用,能防止皮膚老化。皮脂就扮演了將人體內的維生素E溶化並傳送至皮膚的重要角色。

但是,如果皮脂過度分泌,會堵塞毛孔,毛孔內的厭氧性(不喜歡氧氣)細菌就能飽餐一頓,繁殖更多細菌,於是就冒出痘痘了。因此,皮脂分泌過多或過少都不行;太少的話,會加速皮膚老化。太多的話,會長痘痘。

TIP:懶人化學家的生活小知識

維生素E的別名叫生育酚(tocopherol)。很多保養品都會使用此一成分,並透過其抗氧化作用來防止皮膚老化,而且凡是成分表標示含有生育酚的各式保養品,通常都不便宜。

暢銷毛孔清潔
產品的祕密

4

　　毛孔清潔產品的使用方法很簡單,只要塗在臉上油脂特別多的地方,並按摩使產品和油分充分融合,再用水洗乾淨就可以了。

　　注意的重點在於「和油分充分融合」及「用水洗乾淨」,意思是某個成分要能和油脂高度融合,又可溶於水。能同時辦到的物質就是界面活性劑。界面活性劑主要由碳和氫組成,同時具有能和油脂良好融合的親油性,以及易溶於水的親水性。

　　將清潔產品塗抹在毛孔上並認真按摩的話,界面活性劑的親油性端會混入「油光」之間,接著用水洗,就會形成叫作膠束的物質被水沖掉。這和肥皂作用於汙垢的方式一樣,因為肥皂的成分就是界面活性劑。我挑了一款熱銷的毛孔清潔產品,

下面是它的成分表：

> **Ingredients:** Water, Propylene Glycol, Sodium Laureth Sulfate, Cocamidopropyl Betaine, Jojoba Esters, Sodium Lauroamphoacetate, Disodium Lauroamphodiacetate, Lauryl Methyl Gluceth﹤10 Hydroxypropyldimonium Chloride, Sodium Carbomer, Glycol Distearate, PEG-120 Methyl Glucose Dioleate, Laureth-4, Lactic Acid, Fragrance, Tetrasodium EDTA, Polysorbate 20, Methylchloroisothiazolinone, Methylisothiazolinone
>
> **Fragrance may contain:** Limonene, Linalool, Hexyl Cinnamal, Benzyl Salicylate

來找看看其中有哪些是界面活性劑吧。

十二烷基聚氧乙醚硫酸鈉（sodium laureth sulfate）的結構

椰油醯胺丙基甜菜鹼（cocamidopropyl betaine）的結構

月桂醯兩性基乙酸鈉（sodium lauroamphoacetate）的結構

月桂醯兩性基二乙酸二鈉（disodium lauroamphodiacetate）的結構

怎麼樣？毛孔清潔產品的成分中有不少界面活性劑吧。這些界面活性劑都是經過大量研究，把成分和結構最佳化，可有

月桂基甲基葡糖醇聚醚-10羥丙基二甲基氯化銨
（lauryl methyl gluceth-10 hydroxypropyldimonuim choloride）的結構

效去除毛孔裡油汙的人工合成物。市面上的臉部清潔產品所使用的界面活性劑種類和用量都不盡相同，售價自然也不一樣。要是能和肥皂一樣便宜就好了，皮脂和痘痘可真傷荷包啊。

> **TIP：懶人化學家的生活小知識**
>
> 為什麼要使用這麼多種界面活性劑呢？我們的皮膚喜歡有益乳酸菌生長的弱酸性，但是肥皂卻是鹼性的。如果只用肥皂洗，皮膚就會偏離弱酸性，甚至可能失去健康。因此，構成毛孔清潔產品的成分，必須盡可能不改變皮膚的酸度，只去油，而且要能夠輕巧進入毛孔內去油才行，過硬的肥皂就辦不到。這就是為什麼製造毛孔清潔產品時，要混用多種界面活性劑的主要原因。

皮膚又乾又癢，睡不著怎麼辦？ 5

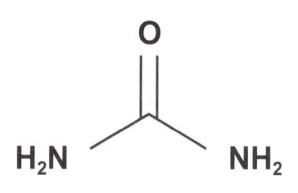

尿素的結構

當人體分解蛋白質時，會產生有毒的物質氨（NH_3），身體為了排出氨，會先將它轉化成尿素（urea，化學分子式為NH_2CONH_2）並透過尿液排出。人一天藉由尿尿排出大約12～20g左右的尿素。聽起來，尿素似乎對人體沒什麼用處，但如果身體沒有尿素會是一件很可怕的事——每個人的頭都會掉

頭皮屑，光想像就全身雞皮疙瘩了吧。缺乏尿素會使皮膚變乾燥、角質會不斷掉落、手腳會覆滿厚厚的死皮和老廢角質，嗯……腳底會變得像山羊蹄一樣，而且大概還會因為很癢而不停地用力抓癢。

來看看尿素對皮膚有哪些功效吧。

1 **尿素非常親水。**尿素是天然保濕劑，扮演了將皮膚細胞內的水分抓住的角色，可避免皮膚過度乾燥引起的乾皮症、角質過厚、異位性皮膚炎、乾癬等問題。
2 **促進抗菌蛋白質合成。**尿素能提高皮膚角質蛋白的水合反應，是皮膚的天然屏障，有止癢、抗菌等效用。
3 **尿素可溶化角質層。**尿素能防止角質層生長過厚。角質層若是太厚，手腳容易覆滿老廢角質和長繭（死皮），而尿素有軟化角質的效用。

那麼，含有尿素的乳液或藥品有哪些功效呢？

1 **2～10%左右的低濃度**：幫助皮膚保濕。
2 **10～30%左右的濃度**：保濕、分解最外層角質並幫助塗在皮

膚上的藥物滲入細胞。對異位性皮膚炎、乾癬、死皮、老廢角質都有效果。

3 **30～50％左右的高濃度：**主要作為治療用。可軟化角質幫助藥物滲透，以去除手或腳上的繭，也活用於去除老廢角質、頭皮屑等情況。

皮膚非常乾燥的人，請試著尋求尿素的幫助吧。一般藥妝店就能買到含尿素成分的乳液，有輕微皮膚乾燥症的人，請務必試試。情況嚴重的人，還是去醫院比較好喔。

> **TIP：懶人化學家的生活小知識**
>
> - 上網輸入urea containing lotion（含尿素乳液）搜尋看看吧。你會發現，含有尿素的乳液種類非常多。
> - 卡車一類的柴油車必須使用尿素。由於柴油車排出的廢氣中，有危害呼吸器官健康的致命物質一氧化氮化合物，該物質與尿素反應會生成氮氣和水，這樣就不會危害健康了。

防止黑色素生成，
雀斑、黑斑不上身

6

　　長時間曝曬於紫外線下，皮膚會變黑。紫外線具有高能量，會破壞人體細胞的DNA，使皮膚老化或可能致癌。所以，皮膚會想製造能遮蔽紫外線的屏障對吧？這個屏障就是黑色素。黑色素上升到皮膚表層的話，皮膚顏色就會變深，而黑色素若匯聚一處，就會形成雀斑或黑斑。

　　要讓雀斑或黑斑無法形成，只要阻止黑色素形成就可以了。黑色素是人體細胞中名為酪胺酸（tyrosine）的分子，被酪胺酸分解酵素轉變為叫作左旋多巴（L-DOPA）的分子後，由L-DOPA分子聚集而形成。

　　要是能從根本阻止酪胺酸分解酵素接近酪胺酸，那黑色素就不會形成了，對吧？

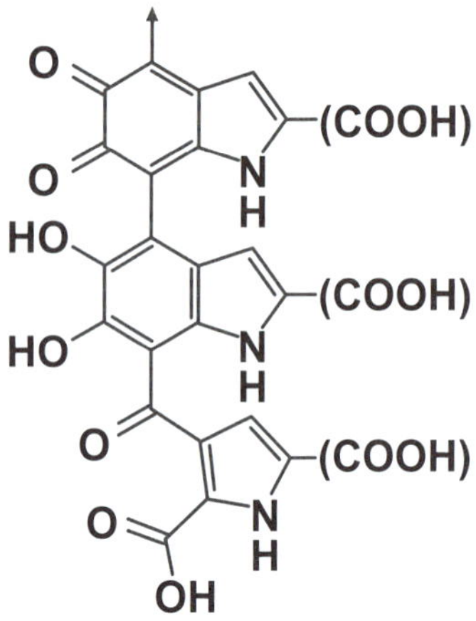

黑色素（多種可能的結構之一）

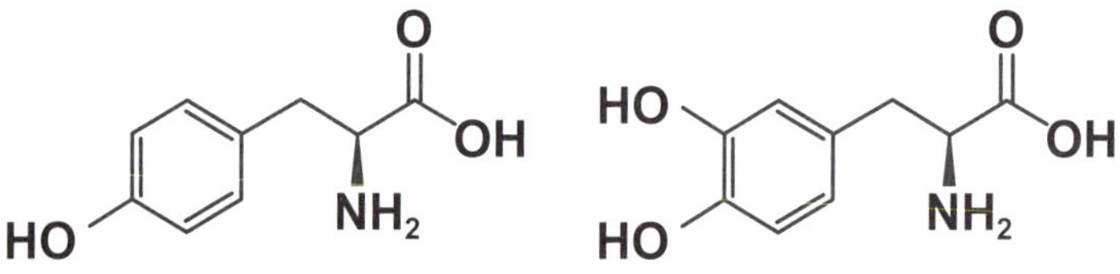

酪胺酸（左）和L-DOPA（右）的結構

對苯二酚（hydroquinone）分子就是這個妨礙者。對苯二酚會在酪胺酸周圍徘徊並阻止酪胺酸分解酵素接近。如果長時間使用含有對苯二酚的乳霜，已生成的黑色素會漸漸消失，新的黑色素也不會再形成，因此可以美白皮膚。

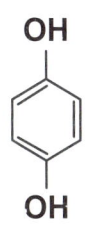

對苯二酚

　　有些人對於對苯二酚成分較為敏感,所以含有這項成分的藥品會受到嚴格的管制。「消除黑斑就用OOO乳霜」,各位看過類似的廣告吧?這種乳霜的主要成分就是有美白藥效的對苯二酚。

TIP:懶人化學家的生活小知識

為避免長出黑斑、雀斑,預先做好防止紫外線照射的準備,出門前擦好擦滿防曬乳就好了? 只要紫外線無法接觸皮膚,身體就沒必要製造黑色素了。遺傳上,膚色越淺,黑色素越少,所以無法在紫外線下好好保護皮膚。因此,在進到強烈的陽光下之前,一定要做好防曬。含有二氧化鈦或氧化鋅奈米粒子的防曬乳液,能為各位提供很好的紫外線防護喔。

保濕霜讓皮膚
保持濕潤的祕密　7

　　保養品所含的成分中常見有甘油（glycerol）、山梨醇（sorbitol）、乙二醇（ethylene glycol）、丙二醇（propylene glycol）等，這些化合物的特徵是 1.高沸點（即具有不易揮發性）2. 含有很多-OH。

　　由於這些化合物所帶的-OH強化了水分子H-O-H和氫鍵分子之間的相互作用，所以能使化合物周邊持續有水分子存在。在皮膚塗上這類物質的話，不僅不容易揮發，還能將空氣中的水分子抓過來，因此皮膚才能持續保持水潤。

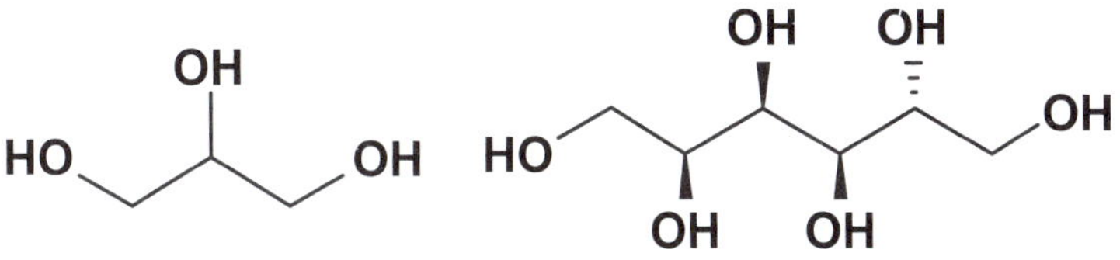

甘油（左）和山梨醇（右）的結構

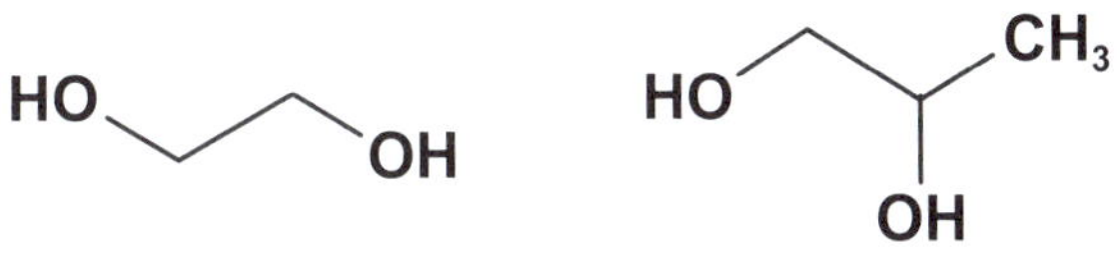

乙二醇（左）和丙二醇（右）的結構

　　甘油是脂肪和氫氧化鈉進行反應時，和肥皂一起生成的物質，不具危險性。山梨醇是草莓等莓果類、蘋果、杏桃等水果中所含的甜味劑成分，是甜的。丙二醇是人工的化合物，沒什麼危險性，冰淇淋也會添加。但是，作為汽車防凍液使用的乙二醇就危險了，是有毒物質，萬一貓吃了可是會出大事的，人類吃多了也會致命。所以，在塗抹使用乙二醇成分作為保濕劑的保養品後，請不要用舌頭舔喔。

　　下面是某嬰兒乳霜的成分表，圈圈標示的部分，除了甘油、山梨醇外，還有黃原膠（Xanthan Gum）、葡萄糖（Glucose）

等其他具有保濕力的物質。馬上拿起梳妝檯上的保養品看看成分標示，是不是感到茅塞頓開：「原來這個產品是因為有這些物質，所以能保濕啊！」

Ingredients: Aqua/Water/Eau, (Glycerin), Petrolatum, Hydrogenated Vegetable Oil, Cyclopentasiloxane, Caprylic/Capric Triglyceride, Sucrose Distearate, Dextrin, Helianthus Annuus (Sunflower) Seed Oil Unsaponifiables, Prunus Domestica Seed Extract, 1,2-Hexanediol, Candelilla Cera (Euphorbia Cerifera (Candelilla) Wax)/Cire De Candelilla, Squalane, Sucrose Stearate, Glyceryl Caprylate, (Xanthan Gum), (Glucose), (Sorbitol), Citric Acid, Persea Gratissima (Avocado) Fruit Extract, Ceramide Np, Phytosphingosine.

TIP：懶人化學家的生活小知識

Q. 來學點英文吧。標榜moisturizer或稱humectant的產品有什麼主要功能呢？

Q. 再來個小測驗。保養品所含成分中，如果某個成分帶有很多-OH，其主要功能為何？

保濕

礦物油和凡士林用對地方 是好油，用錯地方就糟了

8

　　常被加進嬰兒乳液、冷霜等各式保養品中的成分——礦物油，究竟是什麼？「礦泉水是指含有來自各種礦物的陽離子、陰離子的水，所以礦物油是含有陽離子、陰離子的油嗎？」大概會有人這麼想吧。首先，離子不會溶入油中，所以世界上並不存在這種油。

　　如果蒸餾黑漆漆的石油（petroleum），會得到容易汽化的揮發油（即汽油）、稍微不易蒸發的飛機燃料煤油（kerosine）、柴油，以及更不容易蒸發的重油，最後剩下的黑漆漆殘渣就是瀝青。

　　礦物油是沸點約在260～330℃左右的碳氫化合物，只要想

成是柴油成分之一即可。所以說,礦物油是從石油中分餾出來的油,和我們吃的食用油、有機酸天差地別。

廣義來看,凡士林是礦物油的一種。市售的礦物油在常溫時為液體,但凡士林在常溫時是凝膠狀,且在40～70℃左右會溶化成液體。比起礦物油,凡士林有更長的碳鏈,是更大更重的碳氫化合物,分子大而重,所以不喜歡動(跟人一樣),正常情況下會呈現固態而非液態。

我發現自己可能太常坐在書桌前了,明明不是發育期,卻每天都在變大變重,再這樣下去,恐怕會超越凡士林成為石蠟。

凡士林不溶於水且不喜歡水,在乙醇中也只會稍微溶化,因此可用來塗抹遭燒燙傷的皮膚,以防止水分流失。同樣的原理,凡士林也是解決嘴唇乾裂問題最常使用的物質。

凡士林也是運動員的好夥伴,它可以防止長時間跑步時,胸部和衣服摩擦造成的疼痛;長時間騎自行車時,塗抹在會和座椅接觸的皮膚上,或是塗在穿緊身衣競賽的摔角選手胯下,都能減少摩擦造成的痛。

> **TIP：懶人化學家的生活小知識**

- 礦物油或凡士林的原料石油（petroleum），是由petro和leum組成的單字。拉丁語中petro是石頭的意思。聖經中出現的人名佩德羅（pedro）、英文名字的Peter，語源都是petro。leum是從拉丁語的oleum來的，是油的意思。正如字面的意思，來自石頭（petro）的油（leum）便是石油（petroleum）。
- 使用礦物油時有幾點必須注意。第一，這種物質被用於治療便祕，所以孩子或寵物不小心吃下肚，可能會因嚴重腹瀉而受苦。再來是，這個物質會弱化避孕器材的成分乳膠的結構，所以如果把礦物油誤用作某種潤滑劑的話，使用者很可能會無心插柳成了對國家生育計畫有所貢獻的愛國者，不可不慎啊。
- 凡士林也和嬰兒油（礦物油）一樣，絕對不能和避孕器材一起使用，避孕器可能會裂開。更嚴重的是，凡士林無法在女性的生殖器官內被自然分解，也就是很難去除，會一直存在子宮、陰道裡，不幸時還可能遭到細菌感染。所以，請務必安全使用凡士林。

誘人親吻的豐唇
真的有夠辣

　　追求「性感嘴唇」「誘人親吻的豐唇」的人當中，有的人會使用豐唇蜜（lip plumper）讓嘴唇看起來更豐厚。通常我們的嘴唇在什麼情況下會腫起來變厚呢？吃了太辣的食物會腫起來對吧。豐唇蜜就是含有會刺激嘴唇並使其腫起來的物質。

　　一起來看看幾個市售產品的成分表吧。

Cera Alba (Beeswax), Theobroma Cacao (Cocoa) Seed Butter*, Simmondsia Chinensis (Jojoba) Seed Oil, Argania Spinosa Kernel Oil (Argan Oil), Cocos Nucifera (Coconut) Oil*, Mentha Piperita (Peppermint) Oil, Lanolin, Rosmarinus Officinalis (Rosemary) Leaf Extract, Tocopherol (Vitamin E), Citrus Aurantium Dulcis (Orange)

Peel Oil, Capsaicin

*Ricinus Communis (Castor) Seed Oil, *Cocos Nucifera (Coconut) Oil, *Helianthus Annuus (Sunflower) Seed Oil, *Theobroma Cacao (Cocoa) Seed Butter, *Vitis Vinifera (Grape) Seed Oil, Kaolin, *Butyrospermum Parkii (Shea Butter), *Copernicia Cerifera (Carnauba) Wax, Simmondsia Chinensis (Jojoba) Seed Oil, Tocopherol (Vitamin E), *Citrus Medica Limonum (Lemon) Peel Extract, *Vanilla Planifolia, *Daucus Carota Sativa (Carrot) Root Powder, Origanum Vulgare (Oregano) Leaf Extract, *Cinnamomum Zeylancum (Cinnamon) Bark Extract, *Rosemarinus Officinalis (Rosemary)
Leaf Extract, Lavandula Angustifolia (Lavender) Flower Extract, Hydrastis Canadensis (Goldenseal) Extract [+/- May Contain]: Mica (CI 77019), Titanium Dioxide (CI 77891), Iron Oxides (CI 77499, 77491, 77492)

Isododecane, Disteardimonium Hectorite, Cyclopentasiloxane, Trimethylsiloxysilicate, Polybutene, Isononyl Isononanoate, Tribehenin Propylene Carbonate, C18-36 Acid Triglyceride, Isopropyl

> Myristate, Ethyl Vanillin, Mentha Piperita (Peppermint) Oil, Isopropyl Titanium Triisostearate, Stearalkonium Hectorite, Polyhydroxystearic Acid, Limonene. May Contain [+/- Titanium Dioxide (CI 77891), Iron Oxides (CI 77491, CI 77492, CI 77499), Red 7 Lake (CI 15850), Blue 1 Lake (CI 42090), Red 6 Lake (CI 15850), Red 28 Lake (CI 45410)].

　　從這幾張表中可以看到萃取自辣椒的辣椒素，以及薄荷、月桂等會刺激嘴唇使其變厚的成分。愛美的人真了不起，為了實現完美付出許多努力，看到美人的豐唇，我都忍不住替她們覺得辣。

> **TIP：懶人化學家的生活小知識**
>
> 年幼的孩子可能出於好奇拿了媽媽的唇彩來塗，結果嘴巴腫得像金魚嘴。小孩的皮膚很薄且脆弱，皮膚吸收到的刺激成分會比大人多很多，甚至引發嚴重的副作用，所以這類產品請收好，盡可能不要放在孩童視線所及的範圍。

毛躁的頭髮變得
柔順有光澤的祕密

10

頭髮有表皮層（毛鱗片），死掉的細胞會像魚鱗般層層堆疊覆蓋，保護頭髮的屏障就是這個表皮層。請試著抓起一根頭髮，用手指從髮根滑到髮梢，再從髮梢滑到髮根，即可發現毛鱗片的層數是從髮根到髮梢逐漸遞減。

頭髮的表皮層。©Lauren Holden（Look and Learn）

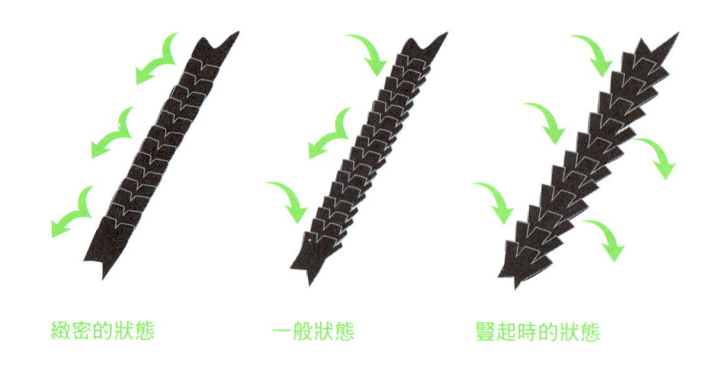

緻密的狀態　　　　一般狀態　　　　豎起時的狀態

　　如同除去魚的鱗片，魚肉容易受傷，而且容易感染細菌般，頭髮的表皮層一旦受損，頭髮就容易損壞，因此毛鱗片不能豎起，需好好覆蓋住頭髮才好，就像上面最左邊的圖那樣。

　　那麼表皮層什麼時候會豎起來呢？光是浸泡在水中，表皮層就會往上翹。就像我們在浴缸泡澡泡太久時，手腳的角質會膨脹，表皮層也會膨脹起來，畢竟毛鱗片只是死掉的細胞嘛。同樣的，在游泳池裡游太久，或是洗頭髮時，表皮層都會往上翹，浸在水中越久就越翹。

　　表皮層如果往上翹起（請想像魚鱗豎起），水就會進入毛鱗片之間，所以，染髮或燙髮時，因為會打濕頭髮，所使用的各種藥劑便在同時進入表皮層。

此外,如果表皮層有好好地覆蓋頭髮的話,會更容易反射光線,頭髮看起來光澤亮麗。平時要盡量讓毛鱗片順勢平躺不豎起,是維持健康美麗秀髮的根本。

> **TIP:懶人化學家的生活小知識**
>
> - 早上洗完頭之後,若不想頂著一頭毛躁,毛鱗片保持豎起的狀態出門,再怎麼沒時間都要用吹風機將頭髮吹乾才好。這樣毛鱗片才能順勢平躺,扮演好屏障的角色,使頭髮柔順有光澤。
> - 經常游泳的人頭髮會褪色、容易受損,是因為毛鱗片豎起的關係。這時候只要將椰子油等物質稍微塗在頭髮上,就能防止水滲透到表皮層,當毛鱗片減少泡水,自然也可以減輕泳池消毒藥劑滲入引起的毛髮損害。

頭髮漂色會損毀髮質的原因

11

　　右頁的頭髮構造圖足以說明髮色的形成原因。簡單來說，髮色是黑色素（melanin，俗稱麥拉寧）團塊分散在頭髮中心的皮質層（cortex）各處而形成的。

　　黑色素中，真黑色素（eumelanin）為黑或深棕色；類黑色素（pheomelanin）則是偏黃或紅的淺棕色。依據這兩種色素的量和比例，會產生多種不同的髮色。

　　上了年紀不容易產生黑色素，所以髮色變淺無可避免，但為了將頭髮染成銀色或灰色就必須漂色，這對頭髮的健康有百害而無一益。為什麼？

頭髮的構造

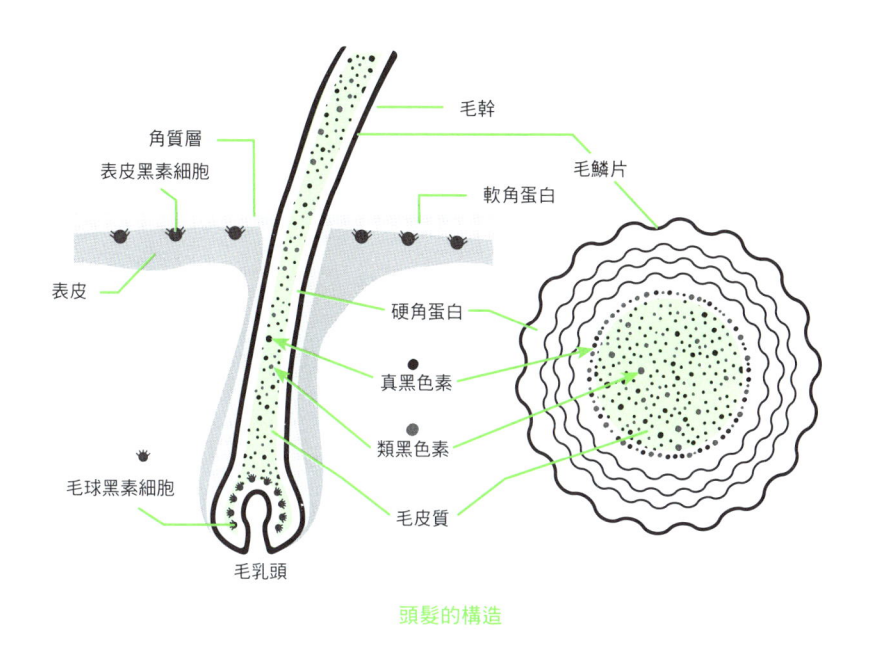

　　頭髮要漂成淺淡色，就一定得破壞黑色素，首先要用鹼性溶液使毛鱗片豎起，好讓連黑色素都能漂白的化學物質滲入。常用的漂色劑是過氧化氫，是能產生氧自由基、高活性的化合物。過氧化氫能斷開黑色素中的碳＝碳雙鍵，但它不只會破壞黑色素，構成頭髮的角蛋白結構也會遭到破壞，這麼一來頭髮一定會受損。

　　前面說過，為了讓毛鱗片豎起，要使用鹼性溶液對吧？在鹼性溶液中，蛋白質內連結胺基酸與胺基酸的-CONH-部分也會斷開，導致角蛋白纖維斷裂而使頭髮變脆弱。不但如此，

漂色過程中,作為頭髮屏障的毛鱗片也會掉落。

儘管漂色之後,透過一些方法能讓頭髮看起來健康一些。但是,光靠處理表面根本無法解決漂色所造成的嚴重傷害,所以漂色過的頭髮一定會變得粗糙並且容易斷裂,可以說是拿健康交換美貌。

TIP:懶人化學家的生活小知識

- 因為各種理由,有些人不用洗髮精而是用肥皂洗頭。這些人的頭髮不會有光澤並且看起來必定粗糙,這是因為肥皂屬鹼性,用肥皂洗頭的話,毛鱗片會被豎起來。
- 市面上曾經販售過防止落髮的肥皂,用這種肥皂洗頭,有讓頭髮看起來變粗的效果,實際上是因為毛鱗片豎起而讓頭髮看起來變粗,給人一種頭髮好像重新長出來的錯覺。我們的皮膚維持在弱酸性才健康,用鹼性肥皂清洗頭髮會使皮膚脫離弱酸性狀態,令乳酸菌無法生存,甚至滋生其他雜菌,增加皮膚發炎的可能性,嚴重的話還會掉髮呢。

想要頭髮染色漂亮、持久又不傷髮質？ 12

　　染髮過程所發生的化學反應有些複雜，但我盡量簡單說明。首先，要染得漂亮，就要將毛鱗片豎起，必須製造鹼性環境才行，一般來說都是使用氨，俗稱阿摩尼亞。

　　另外，標榜為「溫和染髮劑」的產品則是用乙醇胺（ethanolamine）等化合物代替氨，但因為無法充分豎起毛鱗片，所以會有染完沒多久，顏色就褪掉的情形。

　　染髮劑通常使用叫作對苯二胺（paraphenylenediamine）的化合物，此化合物本身是無色的，如果同時加入過氧化氫，就會氧化，並讓許多分子以化學方式連接而呈現深栗棕色。

對苯二胺

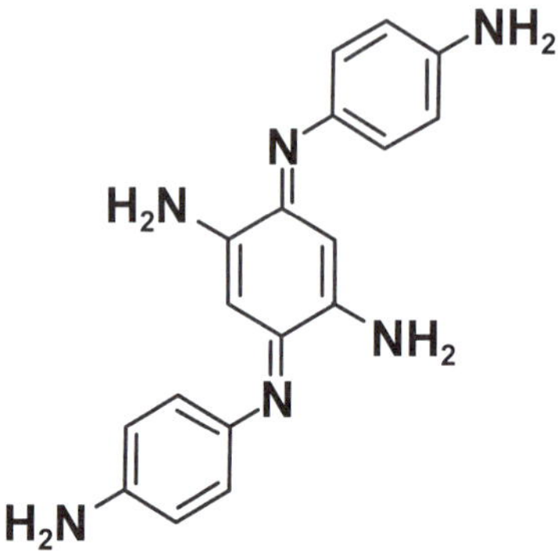

呈現深栗棕色的化學結構

　　要染成其他顏色時,只要一併加入能和對苯二胺結合的耦合劑,再加入過氧化氫。這樣一來,就能依不同配對創造出各種顏色。

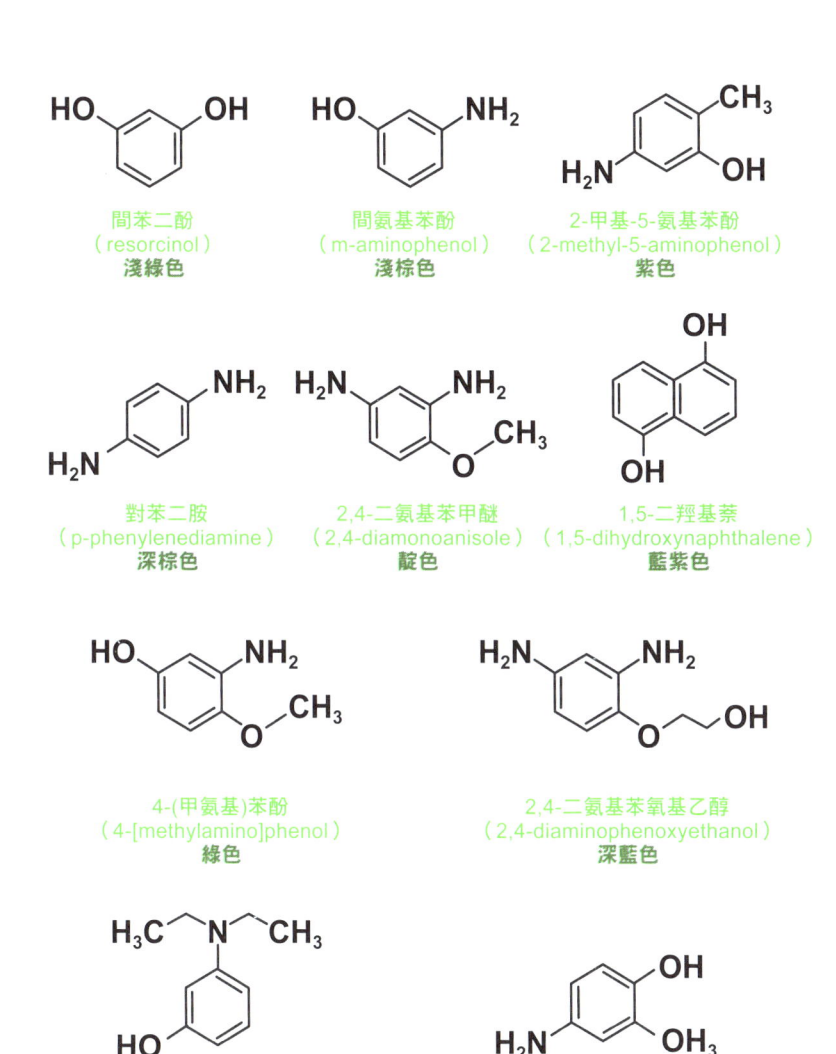

間苯二酚
(resorcinol)
淺綠色

間氨基苯酚
(m-aminophenol)
淺棕色

2-甲基-5-氨基苯酚
(2-methyl-5-aminophenol)
紫色

對苯二胺
(p-phenylenediamine)
深棕色

2,4-二氨基苯甲醚
(2,4-diamonoanisole)
靛色

1,5-二羥基萘
(1,5-dihydroxynaphthalene)
藍紫色

4-(甲氨基)苯酚
(4-[methylamino]phenol)
綠色

2,4-二氨基苯氧基乙醇
(2,4-diaminophenoxyethanol)
深藍色

間二乙氨基苯酚
(m-diethylaminophenol)
橄欖棕

5-氨基鄰甲酚
(5-amino-o-cresol)
暗紅色

各種耦合劑的化學結構

舉例來說，如果對苯二胺化合物遇上前面圖中的耦合劑，再加入過氧化氫的話，就會產生以下的化合物，以及所呈現的髮色。

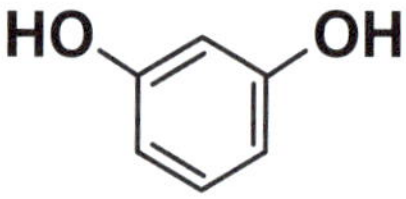

間苯二酚 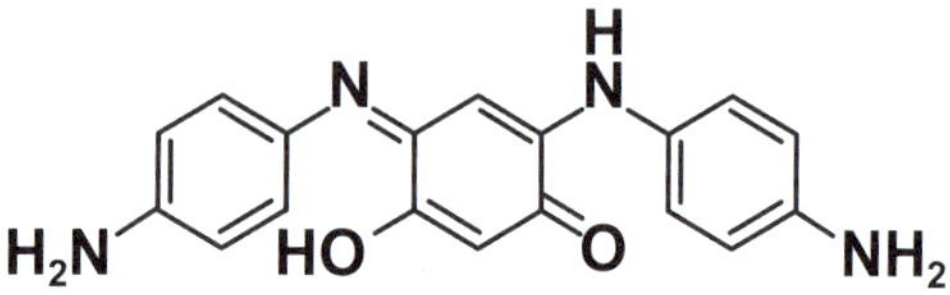　　　　　　綠色染劑（淺綠色）

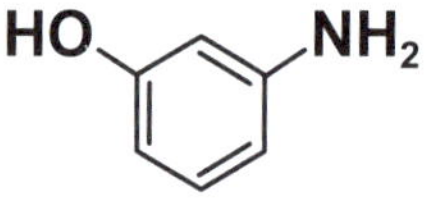

間氨基苯酚 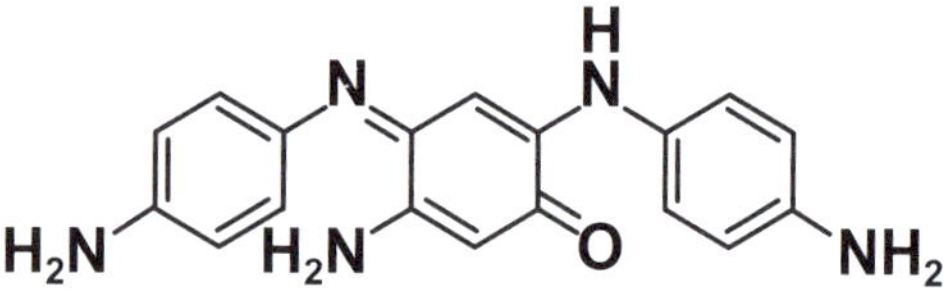　　　　　棕色染劑（淺棕色）

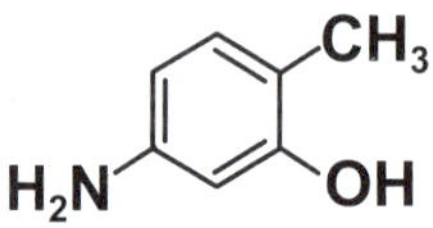

2-甲基-5-氨基苯酚 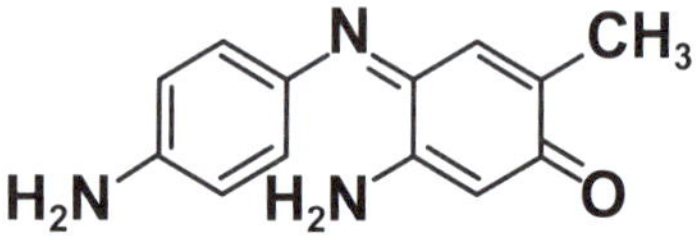　　紫紅色染劑（紫紅色）

耦合劑（左）和所產生染色劑的結構（右）

現在了解染髮的過程和原理了嗎？頭髮會受損的原因，是因為要使用氨等會傷害毛鱗片的化合物，以及會斷開角蛋白中化學鍵的過氧化氫等化合物。

若想減輕頭髮的損傷，染色效果可能會差強人意；若要染得漂亮，則頭髮會嚴重受損，真是個令人頭痛的問題呢。

TIP：懶人化學家的生活小知識

染髮洗髮精等產品，是利用了褐變現象。蘋果或梨子如果打成泥放著，一段時間後就會變成褐色對吧？這是蘋果或梨子內所含的化合物酚（phenol）氧化，並和其他酚類化合物互相連結而形成的多酚（polyphenol）所呈現的顏色。也就是說，利用洗頭時毛鱗片會豎起，使酚類化合物滲入其中，就會漸漸轉化成多酚而讓頭髮變成褐色。但是，因為並沒有使用像染髮劑一樣強的鹼性溶液，所以光用洗髮精並不會使毛鱗片完全豎起。因此，這樣的染髮洗髮精所形成的多酚只有一部分會進入毛鱗片，而其他會在外面，所以有容易掉色的缺點。

培養懶人化學家的自覺，
開啟美好生活

　　要將我們生活的空間變乾淨，可以很輕鬆不費力就辦到，前提是需徹底運用酸、鹼、清潔劑、漂白劑。就算使用像次氯酸鈉那樣強的藥劑，也頂多是浴缸或磁磚表面稍微受損而已，不太需要擔心安全問題。畢竟浴缸不會因為吃到次氯酸鈉就死掉，對吧。

　　不過，身體的清潔就要特別注意了，並非無條件使用洗劑清潔臉和身體就是好的，有很多因素需要考慮。外貌可以說是代表你這個人的名片，所以要讓人留下好印象，就有必要好好的了解露出體外的皮膚和頭髮的構造，以及善待它們的方法。太頻繁使用清潔劑洗臉或頭髮，會把皮質表層的油脂去除得太乾淨，皮膚會變得不保濕而且粗糙。或者，如果用鹼性的洗劑太認真清潔臉和身體的話，皮膚上和我們共生並有助健康的乳酸菌也會被殺死，導致有害細菌增殖而冒出青春痘。

　　所以說，理解我們身體的生理學，是維持皮膚和頭髮健康

的第一步。

　　世界上有無數美容和個人清潔產品。當電視購物台喊出「限時優惠即將結束」、當廣告中知名演員以迷人的眼神拿著精華液時⋯⋯如果可以先想想看「這個真的有效果嗎？」並以化學常識加以判斷的話，就能擁有更健康、更合理的消費生活。

　　雖然這一章只說明了幾種美容、清潔產品的原理，但我認為已足夠作為讓大家開始思考合理的化學生活的例子。希望各位今後也能依憑善待身體的化學常識，繼續保持健康和美麗。

Chapter 4

了解有害物質，不過度恐慌的健康之道

苯芘是什麼？
為何會致癌？

2023年，韓國食品醫藥品管理處（MFDS）緊急發布公告：西班牙進口的恩里克葵花籽油（500ml裝，有效期限至2025年8月27日的產品）檢出超標的苯芘（benzo[a]pyrene，亦作苯駢芘、苯並芘），注意不要食用此產品。

讀了這篇報導的人通常會有兩種反應：

1 我們家有恩里克葵花籽油嗎？
2 看來不能吃葵花籽油了。

首先，第2種是沒有根據的恐懼。葵花籽油是含有許多對身體有益成分的油，所以不用一竿子打翻一艘船，只有被報導

的產品有問題而已。

那麼這個叫作苯芘的物質到底是什麼呢？

又為什麼會致癌呢？

苯芘的結構如圖所示，是一種多環芳香烴碳氫化合物。

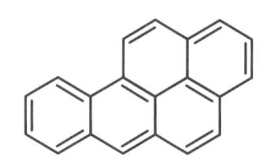

苯芘的結構

苯芘是有機物質不完全燃燒所產生的，是無處不在的環境汙染物。假如工廠廠區的土地和空氣受到汙染，周邊生長的植物、人工栽培的農作物都可能吸收苯芘。種植農作物的土地、空氣和水必須乾淨，作物才不會將不好的成分帶進我們的體內。所以說，明確標示產地十分重要啊。

此外，用高溫燒烤食物時也會生成苯芘。用直火炙燒烹調出來的食物，其實多少含有一些苯芘，但只要不太常吃用碳火或噴槍炙烤的肉，就不需要太擔心。

產品在生產、加工過程中，如果有用極高溫處理，也可能產生苯芘。出問題的葵花籽油就有可能是在加工過程中，用過高的溫度處理導致苯芘大量產生。高溫榨取的芝麻油和紫蘇油

內也可能含有苯芘。

食品大廠生產的芝麻油或紫蘇油，會被要求品質且經常受檢苯芘含量。相較來說，家庭式榨油坊榨出來的芝麻油和紫蘇油，可能反而影響健康，這一點務必注意。

想必大家都知道，我們身體細胞中的DNA是雙螺旋結構，並且如果DNA出問題，也就是發生突變的話，就可能導致癌症。請參考下圖：左邊標示的是DNA的骨架部分，中間呈現的是苯芘介入DNA雙螺旋結構並使其突變的樣子。

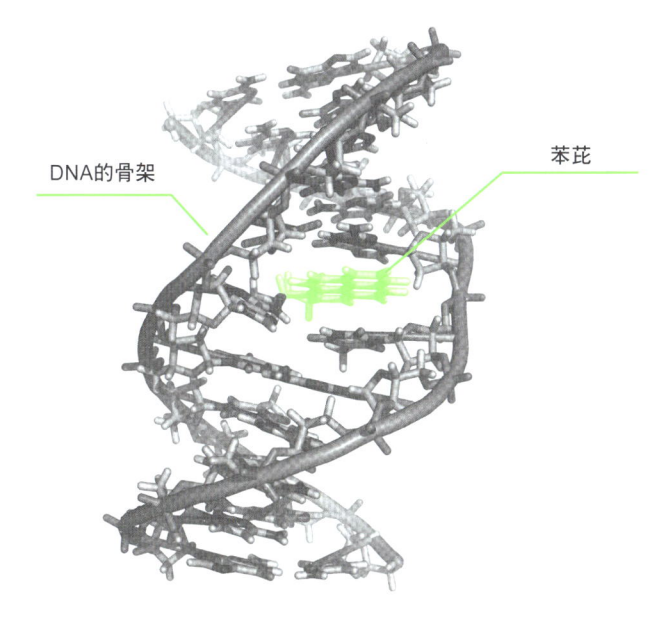

DNA的骨架　　　　　　　　　　　　苯芘

© Zephyris（wiki commons）

DNA本來是A和T、G和C四種鹼基（亦稱含氮鹼基、核鹼基）們彼此手拉手強力鍵結組成的雙螺旋結構。這樣的雙螺旋結構平時鍵結穩固，只有在必要時才會鬆開。但是，苯芘介入其間會讓鹼基間的鍵結變弱，導致雙螺旋結構崩壞。於是，<mark>被苯芘介入的DNA部分變得更容易突變，致癌的機率也大幅上升。</mark>

　　DNA突變和隨之可能引發的癌症純粹是機率問題。進入我們體內的苯芘量少，罹癌的機率就低；量多，則罹癌機率自然偏高了。

　　如果是為了健康而食用葵花籽油，沒想到卻因而罹癌的話，就太委屈了。所以，各位一定要記住「苯芘」這個名詞，並且要盡可能選擇避免生成苯芘的料理方式和食物，過健康的生活。

　　對了！苯芘也存在香菸的煙中。吸菸對身體不好的理由又增加了一個呢。

TIP：懶人化學家的生活小知識

避開苯芘的方法
1 如果住在工廠廠區或交通樞紐一帶，要經常啟用空氣清淨機。
2 週末在農場或車流量少的地方度過。
3 確認農產品的原產地。
4 禁止抽菸。
5 碳火直烤、噴槍炙燒料理偶爾吃就好。
6 絕不忽視食品藥物管理署的公告。

如何避開會誘發癌症的PAHs？ 2

　　上一篇我做了關於苯芘的說明，苯芘是多環芳香烴碳氫化合物（polycyclic aromatic hydrocarbons, 簡稱PAH或PAHs）之一，PAHs是一群具有多個苯環的有機化合物，有上百種化學結構式，跟苯芘一樣會介入DNA的雙螺旋結構並誘發細胞突變。

　　若要一一記住它們的名字太難了，所以只要大概知道就好。接著來了解一下避開PAHs的行為守則吧。

　　如果知道PAHs是從哪裡、以什麼方式進入人體，就能找出對策。PAHs形成的原因主要有以下幾種，並且會透過呼吸空氣或食物攝取進入我們的身體。

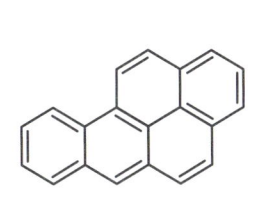

苯芘
（benzo[a]pyrene）

二苯並[a,l]芘
（dibenzo[a,l]pyrene）

7,12-二甲基苯並[a]蒽
（7,12-dimethylbenz[a]anthrancene）

會誘發癌症的PAHs（除上述之外，還有多種）

1. **燃燒煤炭、石油、樹木、香菸而產生**：工廠和汽車的廢氣、香菸的煙中有很多PAHs，甚至路面鋪柏油時冒出的蒸氣中也有；啊～已經太習以為常到我都忘了呢，霧霾、黃沙中也有PAHs。如果吸到含有PAHs的空氣，PAHs就會進入我們的身體。此外，懸浮在空氣中的PAHs會附著在灰塵等物質並堆積在蔬菜的葉子上，然後我們不知不覺就攝取到了。

2. **烤肉燒焦時產生**：肉直接用碳火烤或噴槍火焰炙燒時，在燃燒不完全的情況下，PAHs透過飄出的煙霧汙染到燒烤中的肉，然後被我們吃進肚子裡。

那麼，針對這些問題，應採取什麼對策呢？

1. **禁菸並迴避二手菸。禁止汽車在住宅區停車怠速**：尤其對著半地下室的窗戶停車怠速，是最該受到譴責的行為。在發電設施或汽車廢氣排氣量高的地方作業時，最好戴上附加活性碳的拋棄式防塵口罩；工廠廠區和周邊住宅區的居民要讓家裡的空氣清淨機長時間運轉；在霧霾和黃沙嚴重的日子也務必啟用空氣清淨機。
2. **不要吃燒焦的肉。避免太常吃直火炙燒或碳火燒烤的肉**：燃料燒焦時所產生的PAHs會飛起來並附著在肉的表面。同理，燻製肉品也不能太頻繁或過度攝取。

普遍來說，我們並不會天天吃烤肉，所以其實不用太擔心，只是提醒喜歡而經常吃烤肉和享受燒烤食物的人多想想。下面這一點也請務必遵守。

3. **盡量避開空氣汙染嚴重的地區所生產的農產品**：攝取非溫室農園生產的農作物時，要徹底洗淨葉子表面，去除可能附著的PAHs灰塵。

> **TIP：懶人化學家的生活小知識**
>
> 在碳烤、燒烤餐廳等地方工作的人，因為職業特性無法不大量暴露在PAHs中。尤其是管理爐火的人，務必配戴口罩工作；負責烤肉的人也要戴著口罩才好，儘管會有些不便。賺錢固然重要，但留得青山在，不怕沒柴燒，顧好健康更重要。

電子菸所含的丁二酮 恐引發終身不治的肺疾

3

　　我常看到不論男女老少，形形色色的人在吸電子菸的樣子：聚集在補習班旁的巷子裡，一起抽電子菸的男女國高中生；神情焦躁地站在街上，急忙吸入電子菸的2、30歲女性；在喝酒的場合，輪流抽著香菸和電子菸的中年男性。相信也有很多2、30歲的男性會抽電子菸，但他們更常抽的是香菸。我不清楚實際統計數字，但我眼睛看到的情況就是如此。

　　尼古丁的弊害大家已經耳熟能詳，所以這次我將介紹電子菸中用來添加香味的物質。丁二酮（diacetyl）是會發出奶油香氣的物質，微波爆米花內也有添加，有些啤酒也會添加，或也會被添加到麵包和咖啡裡。各位可能會想說，既然能添加到食物中「應該對身體沒壞處」，但其實不然。

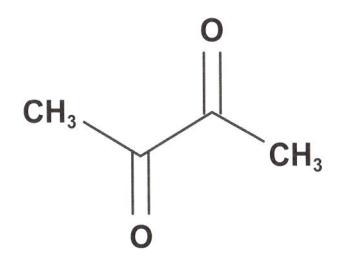

丁二酮

　　企業和商家最大的目標是什麼？應該是人人都喜歡自家產品並大量購買從中賺取利潤，對吧。所以說，他們會在法律允許的範圍內，又或者踩在合法與不法的界線上，毫不猶豫地採取能獲得最大利益的行動。

　　電子菸中添加丁二酮，是為了增加吸菸行為的享受程度以欺騙我們的大腦；將吸電子菸的行為和芳香氣味的獎勵做連結，促進大腦分泌幸福和獎勵的荷爾蒙——多巴胺，使人想吸更多的煙。

　　問題是人工添加的丁二酮，其實是可能誘發閉塞性細支氣管炎的物質。這是只要得了一次，就永遠無法痊癒的病。雖然使用藥物能緩和症狀，但只要得了一次，就會終身相隨。

　　不論是香菸或是電子菸，因為尼古丁有致癮成分，只要抽一次就很難戒掉，所以乾脆不要開始才是最好的。對身體不

好的香菸，沒必要邊說著「沒事啦，我抽了20年都還沒得癌症」邊堅持繼續抽吧。我曾經遇過這樣說的人──「我的八字就是要抽菸才會順。」嗯～個人的選擇，相信他會自己看著辦。我只希望各位理解「有這種危險性」就好。

上年紀的人，只要對自己的行為負責就好，但年輕學子跟朋友去夜店，結果卻可能終身帶著肺疾生活。所以針對年輕學生的吸菸問題，我希望整體社會能抱持更強硬的態度，並期望各位能因為這篇文章，重新反思吸電子菸這件事。

TIP：懶人化學家的生活小知識

美國有一家生產微波爐爆米花的工廠，在該工廠上班的多數員工都得了閉塞性細支氣管炎後，丁二酮的危險性才被世人所知。爆米花工廠員工在工作途中自然吸入了添加在爆米花裡增加香氣的物質，結果得了無法治癒的病。如果抽了添加有丁二酮的電子菸（液態電子菸），勢必會吸進很多含有丁二酮的煙霧，得到支氣管疾患的機率也因而升高。抽電子菸的人，請務必確認是否含有這種物質，能不抽最好。

反式脂肪很恐怖，錯誤用油導致酸敗更傷健康

4

　　大家應該都聽過「反式脂肪對身體不好」吧。但是，反式脂肪是怎麼生成的，又是以怎樣的形式存在？總是要有所了解才知道怎麼避開不是嗎？

　　反式（trans）有「在不同邊」的意思；相反詞是「在同一邊」的順式（cis）。接著來看看脂肪酸的結構。下頁圖中可看到trans和cis文字對吧？如果仔細看結構式，會看到畫了2根長棍的部分，就是雙鍵。以雙鍵為準，兩側的長碳鏈（看起來像一串「之」字形的部分）位在不同側是反式trans，如果在同一側就是順式cis。反式脂肪的結構遠遠看像一條直線，而順式脂肪則像是折了角的引號。

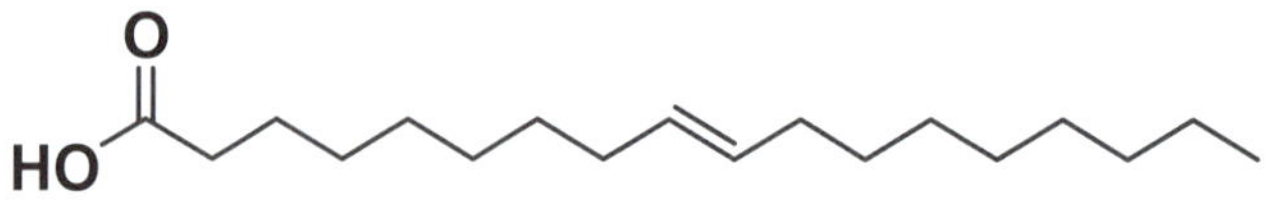

反式－油酸
(trans-oleic acid)

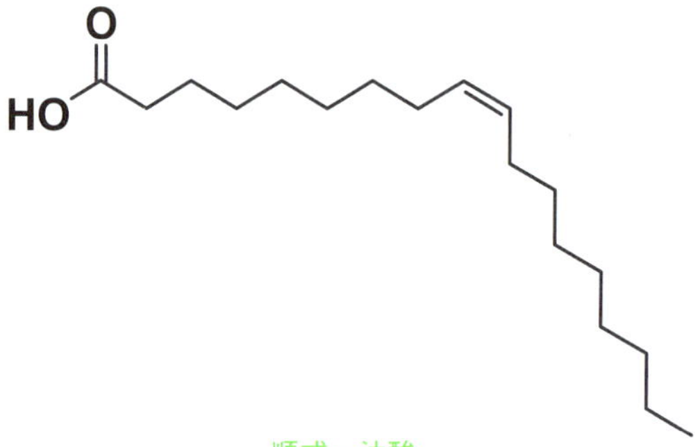

順式－油酸
(cis-oleic acid)

　　如果攝取過多反式脂肪，體內可能發炎、嚴重肥胖等，會發生許多不好的事。那麼反式脂肪究竟是怎麼產生的呢？橄欖油中的油酸（oleic acid）等脂肪酸有順式結構，而且在常溫下為液體狀態。但如果使它的雙鍵帶有更多氫原子，就會形成飽和脂肪酸而變成固體，也就是俗稱的人造奶油。形成飽和脂肪酸的過程中，折起的順式結構會變成反式結構，意思是雙鍵並不會消失。所以說，人造奶油是同時含有飽和脂肪酸和反式脂肪酸的可怕物質。

　　反式脂肪固然可怕，但是酸敗的脂肪更恐怖，雙鍵上增加

了氧原子的酸敗的油會讓身體發炎。試過煎煎餅或做油炸料理的人都知道，將油重複使用所炸出來的炸物會有一股油耗味，如果遇到賣這種油炸食品的店家最好避開。此外，過了賞味期限的芝麻油和紫蘇油等油品也要避免使用。

> **TIP：懶人化學家的生活小知識**
>
> - 過年過節時，親友會齊聚一堂，有些家庭會煎大量的年糕吃，沒吃完的就等下一餐或之後再加熱吃，真心建議大家不要這樣做，因為這正是攝取反式脂肪和酸敗脂肪的最佳管道。請做一次吃得完的分量就好。該好好享受團聚時光的日子，卻把大半時間耗在煎煮食物上，不是太可惜了嗎。人生光享受都嫌短了啊。
> - 零食內含的反式脂肪含量一定會有標示，希望大家在吃之前務必確認一下。

次氯酸水可以
去除殘留的農藥嗎？

5

　　這個問題的答案很簡單。用水洗只能去除蔬果表面殘留農藥的20％左右，若用次氯酸水洗，效果跟水差不多。

　　實際上，次氯酸鈉製品的使用說明中也沒說有任何去除農藥的效能啊。製作次氯酸鈉並販售的公司官網也有公告，表明次氯酸鈉不是用來去除農藥用的。它的實際用途是殺死細菌、真菌和病毒。

　　巴基斯坦的科學家們試驗了用自來水、食鹽、小蘇打、食醋、檸檬汁等，廚房常見的材料來清洗花椰菜和菠菜，並比較哪種溶液最能去除農藥，結果是10％食醋稀釋液的效果最好。另外，根據美國科學家的研究，小蘇打溶液去除農藥的性

能比次氯酸鈉優秀。所以農藥的去除能力為食醋＞小蘇打＞次氯酸鈉～水的順序。然而就算是當中去除農藥能力最強的食醋，也有10～30％左右的殘留農藥無法完全除掉。

水果或蔬菜若是以殘留有農藥的狀態流通到市面上，即使我們做再多的努力，也無法完全將農藥清除。我們能做的僅有去除水果、蔬菜上的細菌等其他有害物質而已。

農藥和細菌的確很可怕，但我們是不是也對吃的東西太小題大作了些？恐懼能變現，電視媒體等廣告過度包裝這份恐懼，使我們不得不打開荷包購買洗潔精或執著於買有機農產品。但只要農民遵守法規使用農藥，相關單位也能盡善職守好好管理的話，不僅能減少人們對農藥、細菌的恐慌，荷包也不會縮水了。基本上低於容許量數值的農藥或細菌就算進到我們的身體裡，也不會造成太大問題。只要有關單位定期抽查農產品的農藥殘留量並向國民公布的話，應該能大幅減輕國人的食安擔憂。

> **TIP:懶人化學家的生活小知識**

- **美國食品藥物管理局（FDA）所提倡的水果、蔬菜清洗法**
1. 清洗水果、蔬菜前,先用肥皂將雙手洗乾淨。
2. 將水果、蔬菜損傷的部分切除並丟掉。
3. 水果剝皮前,要先洗過。
4. 在流動的水中輕輕攪動蔬果做清洗,但不需要使用洗潔精。(在家清洗水果、蔬菜時,毋須使用次氯酸鈉等製品。)
5. 用蔬果專用清潔刷將外皮部分刷過一遍。
6. 用乾布或廚房紙巾擦掉水果、蔬菜上附著的水氣。
7. 生菜、白菜的最外層葉子要摘除丟掉。
- 有趣的是,進行這篇文章提到相關研究的其中一位美國科學家,在做完研究後,便完全不吃水果了。看來是被農藥恐慌所俘虜了。

果皮裡的農藥
能清除嗎？

6

首先大家要有個概念，果皮上的農藥只有附在果皮表面的才能被清除，利用食醋等酸性溶液或小蘇打等鹼性溶液，可以少部分分解並除掉農藥。此外，食醋的濃度必須在10％左右、小蘇打則要用高濃度的溶液，而且需浸泡20分鐘左右。這樣做最多能去除約70～90％的殘留農藥。

農民耕種時，如果完全遵守農藥使用建議，水果或蔬菜上只會殘留極少量的農藥，透過上述的方式清洗，就不需要太擔心農藥殘留問題。

不過，洗了也還是去除不掉、剩下10～30％的殘留農藥會在哪裡？滲入水果的蒂頭或果皮中。雖然我們不會吃蒂頭，但

有些人會帶皮吃,習慣這種吃法的人請三思。

　　我的清洗法是:果皮較薄的蘋果等,會用水洗到用手指摩擦會吱吱響的程度,再用紙巾擦拭,接著就咯～地咬下去。如果突然莫名害怕有農藥殘留,偶爾會用檸檬酸溶液稍微擦一擦後沖洗過再吃。幸好至今為止還沒有因農藥中毒就醫。果皮如果太厚而且沒味道,我會去皮再吃。真的很隨便。教別人清除農藥的方法,結果自己卻是隨意洗一洗就直接吃了。看來我很信任辛苦的農夫。

　　不過,我在幫孩子們準備水果時,總是會去皮呢。父母真的是很複雜的存在。

> **TIP:懶人化學家的生活小知識**
>
> 嫌麻煩但是又害怕農藥嗎?那就沒辦法了,稍微放棄一些維生素,將水果去皮後再吃吧。因為這是不攝取到農藥最好的方法。水果的果肉依然有很多膳食纖維並且有多種抗氧化物質,即使浪費掉一些果皮,還是會留下很多好的養分。

隱藏在碳酸飲料鋁罐、瓶裝水中的環境荷爾蒙 7

有研究顯示,環境荷爾蒙雙酚A(Bisphenol A, BPA)或鄰苯二甲酸酯(也譯作酞酸酯,Phthalates,簡稱PAEs)可能影響生殖功能和誘發兒童注意力缺乏過動症(ADHD)。該論文中有些模稜兩可地說道「雖然從情況上看來,似乎是環境荷爾蒙所造成的影響,但並無法明確指出絕對如此。」話是這麼說,但還是盡可能避免身體吸收雙酚A或鄰苯二甲酸酯比較好吧。

近來市售的罐頭食品罐子內壁都有塑膠塗層,主要是防止金屬成分滲入食品中。因為沒有決定性證據指出,這類用來包裝食物的塑膠所溶出的雙酚A的量會干擾荷爾蒙導致內分泌失調,所以,美國食品藥物管理局(FDA)是准許使用的,但是美國國家衛生院(NIH)則抱持懷疑的觀察態度。

不過，各位知道飲料鋁罐內也有塑膠塗層嗎？這是為了防止鋁成分溶進酸性飲料中。是金屬汙染？還是雙酚A汙染？二擇一的選擇題。

「嗯？這是什麼鬼話？」我想大部分人的反應都是如此，但超市冰櫃裡滿滿的鋁罐大多都有聚碳酸酯塗層。若要製造聚碳酸酯，就必須使用疑似會造成內分泌失調的代表性化合物雙酚A。而聚碳酸酯也常被用來做瓶裝水的容器。

從瓶裝水的容器或鋁罐中溶出的雙酚A的量非常少，尤其在低溫下更是如此，但在高溫時就不是這麼一回事了。萬一可樂罐等沒冰冷藏，並且長時間放在高溫處，那麼勢必會溶出更多雙酚A等物質。另外，長時間存放的話，溶出的雙酚A量也必定會逐漸增加。

碳酸飲料已經深植我們的生活，要戒掉真的很難。儘管喝碳酸飲料，砂糖（如果是零卡可樂則是阿斯巴甜）和塑膠塗層中溶出的雙酚A量不多，但還是會一起吃下肚。雖然尚未有研究明確界定是砂糖引起肥胖、糖尿病、男性荷爾蒙低下，還是雙酚A導致的副作用，但要是太常喝一定會造成問題。

少喝罐裝碳酸飲料，就是減少雙酚A和砂糖的攝取，毫無疑問地有益健康。成長中的孩子，讓他們喝碳酸飲料並沒有什

麼好處。只要好好吃飯、多喝水就能健康長大，真的沒必要讓他們喝碳酸飲料喝成小胖子。

> **TIP：懶人化學家的生活小知識**
>
> - **避開環境荷爾蒙雙酚 A 的方法**
> 1. 盡可能避開罐頭或瓶裝飲料。購買新鮮食品或裝在玻璃瓶內的產品。
> 2. 確認罐頭和飲料的製造日期，不要購買製造日期太久以前的產品。
> 3. 將飲料放在冰箱保存。若久放在高溫的陽台等地方，則溶出的雙酚 A 量一定會變多。
> - 重要的是，了解危險性後決定要承擔或是避開，和完全不知道而無防備地暴露於危險中是不同的。至少要知道鋁罐內也有會溶出雙酚 A 的塑膠塗層，要不要吃就是個人的自由了。

幼稚園、國小的孩童使用香水真的適合嗎？ 8

有一種名叫鄰苯二甲酸酯（PAEs）的化合物；因為能使多種物質彼此混合良好，在製作香水時是必用物質。鄰苯二甲酸酯和雙酚A相同，也用於塑膠製品的塑形。

由於鄰苯二甲酸酯作為環境荷爾蒙作用時，疑似會妨害生殖系統的發育，因此在化妝品產業有逐漸淘汰的趨勢。不過目前還是能在許多指甲油和香水中發現。其中，有著右頁圖長相的鄰苯二甲酸二乙酯（diethylphthalate，簡稱DEP），目前仍廣泛使用在香水中。

美國FDA指出，「沒有確切證據能說明化妝品中所用的鄰苯二甲酸酯，尤其是鄰苯二甲酸二乙酯，會對人產生危害。」

鄰苯二甲酸二乙酯的結構

問題是這裡說的「人」,是指大人而不是小孩。

最近某項研究顯示,如果懷孕的女性暴露在有鄰苯二甲酸酯的環境中,胎盤的遺傳因子會受影響(正確來說是DNA甲基化〔methylation〕程度會不同)*。現今還沒有針對DNA甲基化程度對孩童健康影響的研究,但毋庸置疑的,懷孕婦女使用含有鄰苯二甲酸酯的香水並不明智。同時,哺乳期的女性若暴露在有鄰苯二甲酸酯的環境中,進入體內的鄰苯二甲酸酯會傳給嬰兒,可能導致嬰兒的身體受鄰苯二甲酸酯影響而產生變化。

* N. M. Grindler, L. Vanderlinden, R. Karthikraj, K. Kannan, S. Teal, A. J. Polotsky, T. L. Powell, I. V. Yang & T. Jansson, <Exposure to Phthalate, an Endocrine Disrupting Chemical, Alters the First Trimester Placental Methylome and Transcriptome in Women>, Scientific Reports, 2018.

近年來，才上幼稚園、國小的孩子使用香水的比例正在增加中。距離青春期還很遠、才剛脫離胎兒狀態沒多久的孩子們噴含有1～2％鄰苯二甲酸酯的香水，究竟是不是「好的行為」，父母們應該多加思考。

> **TIP：懶人化學家的生活小知識**
>
> 並不是噴了含有鄰苯二甲酸酯的香水，所含的鄰苯二甲酸酯成分都會進入身體裡。若是孩子在密閉的房間裡噴香水玩，這種情況下，勢必會透過呼吸吸入過多的鄰苯二甲酸酯。我由衷建議父母不要買香水給孩子，如果孩子已經很習慣非用香水不可，至少要注意讓房間保持通風。

精油、草藥
真的有治療效果嗎？

9

　　根據美國FDA的定義,「若產品的用途是讓身體變乾淨並發出香味,看起來更有魅力」,那麼該產品就屬於化妝品。同時,FDA在沒有獲得某項特定物質對身體極度有害的確切證據前,並不會加以管制。這也是為什麼就算鄰苯二甲酸酯有讓內分泌失調的嫌疑,但仍能用於化妝品的原因。主要也是因為化妝品的使用並不會大量進入我們的體內,只是裝飾外貌而已,所以化妝品成分表才會常看到萬一進入人體可能造成危險的、令人抱持懷疑的物質。

　　產品的用途如果是「使病症改善並改變身體部分型態等;意即,如果是以治療(therapy)為目的」,則該產品會被分類為「藥」(drug)並受到FDA管制。根據FDA的規定,使用精油

的香氛療法並不算「治療」，所以任何精油都不是藥品。這也是「草藥」無法獲得FDA承認的原因。

若想成為藥，必須有一定的單一化學分子式，此化學結構進入人體後會發揮什麼功能、是以什麼原理運作也必須十分明確，還需要提出有治療效果的確切證據才行，要獲得認證並不容易。

精油或草藥都是含有多種成分的複合物，且其成分無法完整被分析。此外，不只要弄清楚各成分有什麼功效很難，要明白「為何需要特定比例的某種成分」更是幾乎不可能。因為這樣的理由，芳香療法永遠無法成為「FDA所承認的治療」。如果有廣告聲稱「芳香療法能改善×××症狀」，嚴格來說，算是過度誇張的廣告，甚至犯下了違反食藥法的罪名。

「因為喝了養生茶所以身體不適好轉了」和「因為塗了這款精油在枕頭上，內心變得平靜而且好入眠」等程度，是我們可以對精油和草藥抱持的期待。相信或不信某種對症療法，和是不是要執行都是個人的選擇。不過，像癌症這種有確切原因和多種正規醫療法的情況，應該避免過度期待這些另類療法並將它置之度外。

偶爾想好好睡一覺，在寢具上滴一兩滴精油並試著入睡，

會有什麼大問題嗎？太相信特定產品或療法，沒有仔細閱讀注意事項就隨興（頻繁且大量）使用時，可能會出問題。況且適合你個人的，不見得也適合其他人。這就好比大家說花生好吃，但有人吃了卻因為過敏而死掉一樣。試著養成對所有事物都抱持懷疑的態度，並保持距離觀察的習慣吧。

> **TIP：懶人化學家的生活小知識**
>
> 美國邁阿密的尼克勞斯兒童醫院，發現7年間共有24件青春期前兒童胸部太早發育的案例，而這些案例的共同點，是常使用含有薰衣草精油的香水、洗髮精、肥皂。有趣的是，當孩子們停止使用這些產品時，胸部發育就停止了。
>
> 這項研究結果發布後，馬上就出現了駁斥其內容的論文，反駁的內容是「咬定這個現象是由薰衣草精油造成的是錯誤的」。精油產業的相關人士當然舉雙手歡迎，但是令人玩味的是，如果查看是誰支援了這項反論性研究──沒錯，正是芳香療法協會、茶樹產業等有利害關係的業者，研究的可信度難免讓人懷疑。
>
> 所以，我想我們應該這麼做：在中立的學術研究機構、團體確實提出「可以放心讓孩子使用薰衣草／茶樹精油」的結論之前，還是小心為上策。小心一點總沒錯。

健康快樂的生命之旅

引發健康恐慌的關鍵字有：致癌物質、劇毒物質、環境荷爾蒙等，問題是我們並不清楚這些物質在哪裡、又有多少；我們所吃食物中有多少有致癌疑慮；這個塑膠製品中有哪種環境荷爾蒙、又有多少；水果皮上殘留了多少農藥，無法用眼睛確認，也吃不出來⋯⋯很多時候，我們對於看不見又意識不到的事物都會感到恐懼。（大家都怕鬼，但是有誰看過了？）

長壽地以健康的狀態活著，臨終前只臥病幾天後說著「我走啦」就離開人世，應該是許多人的願望。破壞這個願望的可能因素之一就是癌症。從被診斷出罹癌的瞬間，經歷漫長而痛苦的治療過程，造成經濟上的困頓和生活模式的急遽變化，進而引起家庭不睦等，真的太可怕了。儘管很努力地不吃可能誘發癌症的食物或接觸相關物質而導致壓力爆棚，也不是聰明的舉動，但會誘發癌症的物質或生活習慣等，還是應該盡可能地避免。

我們的恐懼清單中所列的「環境荷爾蒙」，會促使與男性生殖能力直接相關的精子數減少、複製我們體內荷爾蒙運作的物質引起各種成人病等。對於生活在塑膠製品環繞下的現代人來說，這的確是會讓人想吶喊「到底要我怎樣」的困難問題。不過，只要遵守幾項原則，就可以大幅減少我們的孩子和家人被暴露在環境荷爾蒙中的機會。

　　本章分享了一些能靠己力避開危險因子的方法，希望大家都能盡可能地多加利用，減少攝取或接觸含有可怕成分的物品或食物、適當地運動、和親近的人一起享受人生，並追求身心的健康。衷心祝福各位都能有幸享受一趟愉快、健康、長壽的人生之旅。

Chapter 5

活用化學知識，
輕鬆擺脫居家害蟲

如何消除
棉被裡的塵蟎？

1

　　對多數人而言，塵蟎不是大問題（身體只有0.1mm大，所以肉眼看不見），但是對某些人來說，塵蟎會引發嚴重過敏，因此我得援助這些人、提出一些有效建議。

　　生命體若要存活，細胞內的酵素必須正常作用才行，而這個酵素就是胺基酸們藉胜肽鍵連接聚合成的蛋白質。

　　蛋白質是靠著不同胺基酸之間的氫鍵等的相互作用而形成的穩定結構，一旦溫度升高，會嚴重影響這樣的穩定狀態，可能導致蛋白質鏈鬆開。可以想成當雞蛋的透明蛋白加熱煮熟後，會變成硬硬的白色固體一樣。溫度如果升高很多，酵素的結構會受到破壞，生命體也就無法繼續存活（在高溫下，不只是

酵素，肌肉的蛋白質也會變性，細胞膜的結構也會被破壞。從生命體的立場來看，等於是發生了全面危機。為了方便簡單理解正文，僅說明蛋白質的變性）。

知道答案了吧？沒錯，<mark>只要用高溫洗衣模式（超過60、80℃的熱水洗淨功能）洗棉被，就可以殺死塵蟎</mark>。問題是，這些塵蟎充斥在家中各個角落，要完全撲滅非常困難。可以試著用裝有海帕濾網的真空吸塵器清掃家中各個角落，並常用高溫洗衣模式洗棉被。洗棉被時，一起使用過碳酸鈉的話，能更有效殺死塵蟎。希望推薦的方法能幫助到各位。

TIP：懶人化學家的生活小知識

P.S. 我有預感，今後家家戶戶都會用高溫模式洗棉被了。

P.S. 不論是細菌或是蟲子，大部分的生命體只要遇到溫度高的熱水或100℃沸水就會死亡。雞蛋的蛋白在65℃時結構會變性而變白，而牛奶以同樣的溫度長時間放置殺菌，卻稱作低溫殺菌。人類也是生命體，但是無法抵抗這種高溫，所以冬天使用電熱毯時要注意溫度不能太高，以免燙傷了。

用殺蟲劑消滅吸人血的臭蟲，
不如用高溫清洗

2023年冬天，肆虐歐洲的臭蟲（床蝨）也在國內發現的消息一出，引起了很大的騷動。想必像我一樣，聽到從出生以來一次也沒看過的臭蟲重現江湖的消息，應該都會害怕吧。我聽了就莫名覺得身體發癢。

臭蟲如果進到家裡可不行。網路上可以找到好幾種針對臭蟲的對策，我想像了一下：如果自己不小心被臭蟲上身並且把牠帶進家裡時，我會怎麼做。

去了地鐵等人擠人的地方後回到家，我會在玄關直接脫掉衣服、小心地拿著然後放進蒸氣電子衣櫥，並用最高溫來消滅臭蟲。在這期間，我會去沖澡。萬一在蒸氣電子衣櫥的底部看

見臭蟲，就事態嚴重了（臭蟲成蟲的身體約為4～7mm左右，所以肉眼看得見；大概如蘋果籽大小）：==我會將衣服直接放進洗衣機洗，然後用高溫的蒸氣熨斗將臭蟲燙死。==

如果是去出差入住飯店，我大概不會把衣服從行李箱拿出來掛，而且會把行李箱好好關著，也會仔細確認床單、被單是否乾淨。飯店如果出現臭蟲，生意都不用做了，所以應該會認真管理確保清潔，但我個人無法完全信任飯店會百分之百的清潔消毒。回到家之後，我會立刻用濕紙巾擦拭行李箱外殼，並確認有無臭蟲的蹤跡，確認沒問題，才把它拉進屋裡。

如果都這麼做了卻還是被臭蟲鑽了漏洞進到家裡的話，因為牠們必須吸我們身上的血才能存活，所以應該會躲在棉被裡生活吧。如果發現皮膚有紅腫凸起，就==將棉被直接拿去用高溫洗衣模式清洗。萬一被子的材質不能用高溫洗的話，就用蒸氣熨斗將臭蟲燙死。==實在無法清洗的話，就用超大號塑膠袋將被子裝起來，並在外面貼上「內有臭蟲」當垃圾處理掉。

此外，要用真空吸塵器吸床墊並用蒸氣熨斗燙一燙才可以喔。家具也可能有臭蟲附著，也要用蒸汽清潔機（蒸氣式拖把）燙過才行。

殺蟲劑成分中，有一種叫作除蟲菊精（pyrethrin）的成分，

能殺死很多種類的臭蟲，但也有對這個成分具有抗藥性的臭蟲。甚至，有連惡名昭彰的DDT都殺不死的臭蟲。如果遇到這種情況，就算噴了殺蟲劑，牠們也只會逃跑然後換據點，所以用高溫燙死是最萬無一失的方法。

本來就夠複雜的世界，因為臭蟲更煎熬了。祝福大家都能遠離臭蟲平安地生活。

> **TIP：懶人化學家的生活小知識**
>
> 和塵蟎一樣，臭蟲除了能用高溫殺死之外，沒什麼其他的對策。在皮膚會直接接觸的被子上噴殺蟲劑也不太好，因為吸到的話可能又會引起呼吸器官疾病或其他問題。臭蟲是吸血維生的傢伙，所以會在我們身邊遊蕩，只要管理好衣服和棉被，應該就可以了。

撲滅出沒家中
螞蟻的方法

3

　　要殺死可愛的小螞蟻是逼不得已的傷心事。身為清道夫的螞蟻在環境中扮演了重要的角色,所以我煩惱了一下下該不該分享這個主題。雖然在戶外看到螞蟻無所謂,甚至覺得很可愛,但跑進家裡就有些煩人了,所以儘管於心不忍,還是決定分享下面的內容給各位。

　　殺死螞蟻的方法百百種,我先告訴各位簡單實行的做法。首先,去藥局買硼砂(borax, sodium tetraborate,亦稱四硼酸鈉)。沒錯,就是孩子們在做液體怪物史萊姆(slime)時所用的硼砂。

　　然後照著以下步驟做:

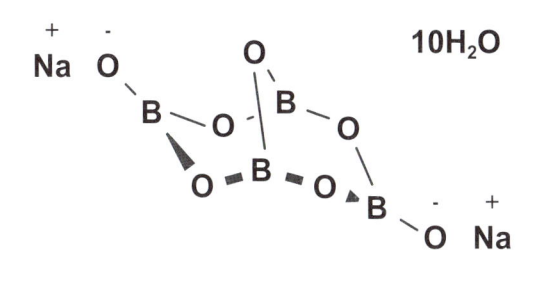

$$\text{Na}^+ \; ^-\text{O} \underset{\text{B}}{\overset{\text{O}}{\diagdown}} \text{O} - \underset{\text{B}}{\text{B}} - \text{O} \underset{\text{B}}{\diagdown} \text{O} \cdots 10\text{H}_2\text{O}$$

硼砂的結構

1. 將1〜2湯匙的硼砂溶解在大約1杯量的水中。
2. 慢慢加入砂糖,溶化至砂糖呈濃稠的糖漿狀。砂糖的體積大約是水的1/3〜1/2左右即可。
3. 將此「砂糖＋硼砂」的糖漿裝到湯皿裡,並擺在螞蟻出沒的路口。

螞蟻看到砂糖糖漿會邊歡呼邊呼朋引伴前來。先別急著殺死它們,放任不管就好。必須讓牠們噙著砂糖糖漿回到蟻窩,這樣其他的夥伴也才會全都因為吃到砂糖糖漿而死亡。要一直放到家裡再也不見螞蟻蹤影為止,可能要花點時間,所以要有耐心。

吃了這個「砂糖＋硼砂」糖漿的蟻窩內的蟻群,最終全都會死掉。硼砂對人類來說沒什麼毒性,但是螞蟻吃下肚之後,

會因為消化器官和代謝功能完全癱瘓而亡,對螞蟻來說是致命的毒藥。

> **TIP:懶人化學家的生活小知識**
>
> 注意:務必設法避免讓小狗等寵物或嬰幼兒吃到含有硼砂的糖漿。

可怕的蟑螂，
用「硼砂吐司」就能消滅

4

蟑螂比螞蟻大隻、行動迅速、骯髒又恐怖。要打倒蟑螂很難，而且即使成功抓到一隻，隱藏的無數蟑螂仍然潛伏在黑暗角落。所以，要讓蟑螂家族完全灰飛煙滅，我們的心裡才能得到平靜是吧？

前面介紹了利用硼砂撲滅出沒家中螞蟻的方法，而硼砂也能以相同的原理殺死蟑螂。

為了讓蟑螂吃掉硼砂，就得掌握蟑螂喜歡什麼才行。蟑螂喜歡甜食，也喜歡油脂和動物性蛋白質。嗯……什麼樣的食物能滿足這些條件呢？我覺得起司、奶油，還有五花肉的油等很可以。但是得把硼砂餵入蟑螂肚子裡，直接撒上的話感覺牠們可能不會吃，那就這樣做看看吧。

1. 將1到2匙左右的硼砂以水溶解，盡可能製作出越濃的溶液越好。接著拿一片吐司吸收此溶液，等待吐司完全乾燥後再磨成粉。
2. 先將奶油和五花肉的油融化，再加入起司。基本上奶油只要1匙、五花肉的油脂1匙、起司1片就夠了。
3. 在步驟2的液體中撒上步驟1吸飽硼砂的吐司粉，並充分攪拌混合。
4. 將冷卻後所得的固體塊狀物捏成米粒大小。
5. 將這個飽含硼砂的蟑螂藥撒在四處陰暗的地方，然後等蟑螂把它吃掉後回去蟑螂窩。由於蟑螂這種生物，是會啃噬死掉同伴的傢伙，所以最終全員都會吃到硼砂而亡。

　　如何做出蟑螂喜歡的食糧是關鍵，所以各位也發揮想像力試著做做看蟑螂餌吧。我覺得像牛血之類的應該也能成為好的誘餌；用水溶化硼砂時，也可以加入砂糖試試。祝各位都能成功撲滅蟑螂。

　　對了，要盡可能的讓蟑螂吃最大量的硼砂才有效。如果只給蟑螂一丁點的硼砂和很多其他食物的話，蟑螂會大規模湧出，請不要節省硼砂。

餐廳廚房的排水口對蟑螂而言簡直就是天堂。每天在排水口倒一點溶解的硼砂也是不錯的選擇,但是這和讓蟑螂直接吃進硼砂相比,效果微乎其微。

餐廳營業結束後清潔整理若沒做好,蟑螂可能會從排水口爬上來狂歡,所以一定要收拾乾淨,食物也要密封好或是放進冰箱保存。還可以在排水口周邊撒硼砂的餌,這樣蟑螂連進都不用進來,直接在那裡吃完就可以回家了。

TIP:懶人化學家的生活小知識

- 硼砂和硼酸是兩種不同的物質。硼砂(borax)進到胃中會變成硼酸(boric acid),就是這個「硼酸」殺死了螞蟻和蟑螂。
- 孩子們製作史萊姆黏怪時,請讓他們使用硼砂,而非硼酸。

消滅來無影去無蹤的惱人果蠅,超簡單

5

　　跟螞蟻、蟑螂一樣,果蠅吃了硼砂也會死掉。所以只要思考如何讓果蠅吃到硼砂即可。

　　什麼時候會看到果蠅呢?將香蕉或鳳梨等水果放在餐桌上,很神奇的果蠅就會嗡嗡地突然飛來。果蠅喜歡熟透的水果或發酵(嗯,就是爛掉ing)的食物,所以我們只要製造出這樣的情況來引誘果蠅就行了。試著依照下面的步驟做看看吧。

1　將2公升的寶特瓶對半切開,並且只留下下半部。
2　裝入1/4左右的水,再加入硼砂1湯匙、砂糖2湯匙、蘋果醋1湯匙,混合攪拌均勻。(也可以用「硼砂＋鳳梨或是李子汁」)

3 將一張廚房紙巾縱向捲起,將一側浸入液體中。透過毛細現象,廚房紙巾是不是全都自然浸濕了呢?

4 接著只需要等待果蠅飛來,停在廚房紙巾上吸食含有硼砂的液體。

TIP:懶人化學家的生活小知識

- 如果要消滅蒼蠅呢?只要改用蒼蠅喜歡的、有腐爛氣味的食物代替食醋就可以了。怎麼樣?很簡單吧?
- 水果果肉中的果蠅卵,在水果熟成後就會馬上孵化。我猶豫了一下是否該告訴各位,但實際上非常多水果的表面都藏有果蠅的卵。毫不知情地吃下去,牠就只是蛋白質而已。希望各位把剛才說的話自動刪除,沒錯,你已經被催眠了!

活用矽藻土,既能除濕,還能刺死蠹魚?

蠹魚既會咬破衣服,又會在衣櫃上留下洞,真的是煩死人的害蟲。牠喜歡潮濕的地方,並且愛吃纖維食物。如果沒有將義大利麵或麵條等密封保存,蠹魚可能會猖獗。尤其家裡很潮濕的話,就很可能成為蠹魚的天堂。

到底該怎麼殺死這些傢伙呢?這次我們要試著刺牠的身體,把殼刺出洞來,讓蠹魚乾掉而死。但總不可能一隻隻抓來刺,所以要用點別的方法。

方法很簡單。就是將矽藻土(又名硅藻土,只要在網路搜尋矽藻土粉即可)撒在蠹魚出沒的地區就可以了。矽藻土粉的成分為二氧化矽 SiO_2,如果把它拿到顯微鏡下觀察,會看見尾端是尖銳鋒利的。蠹魚經過時就會被矽藻土刺到,外殼如果被刺出

洞來就會乾掉而亡。

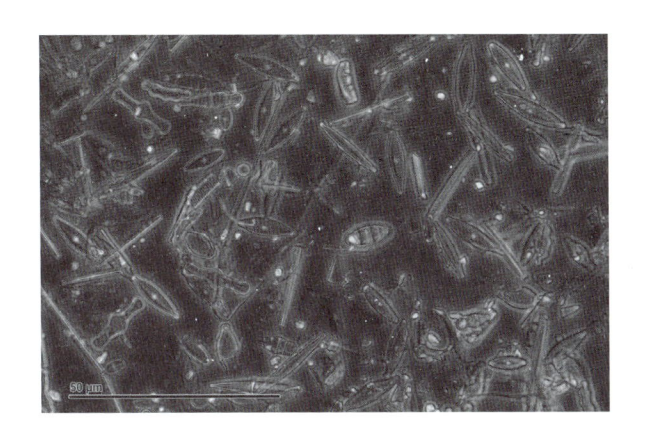

尾端如長槍般銳利的矽藻土粒子
© Doc. RNDr. Josef Reischig, CSc. (Wiki Commons)

請想像光腳走在碎玻璃上的感受，蠹魚從矽藻土上爬過時大概就是這種狀況。不只是蠹魚，撒在蟑螂出沒的地區也很有效。

不過，一定有人會擔心，能殺蟲的矽藻土是否對人類也有害。讓我們先來了解一下矽藻土是從哪來的吧。世界上有很多種形態的矽藻類；矽藻類泛稱以矽石（silica，二氧化矽，SiO_2）為身體骨架的單細胞生物藻類（algae），英文是 diatom。這種矽藻類死掉後，原本作為骨架的矽石會沉入河底並形成沉積層，這就是矽藻土（diatomaceous earth 或 diatomite）。1800年代，自從

厚達28m的矽藻土沉積層在德國被發現後，世界各地陸續有矽藻土層被發掘，然而能採集可作為商業用途的優質矽藻土的地方並不多。矽藻土也被用來作為動物飼料的原料之一，只要不用鼻子去吸它的粉末，就不會對人類造成危害。

TIP：懶人化學家的生活小知識

如果觀察昆蟲的外殼，會看出閃閃發亮的光澤，是因為表面有一層油膜的關係。有了這層油膜，昆蟲就能維持身體的水分保命，所以要是將蟲殼的油膜完全去除，蟲蟲能不乾掉而亡嗎？矽藻類的矽石骨架是充滿了許多洞洞的多孔性物質，我們若將這樣的矽藻土撒在昆蟲身上，矽藻土的孔洞能將蟲殼表面的油分全部吸光，失去油膜的蟲蟲就會乾掉而死。因此，**矽藻土殺死蠹魚、蟑螂、臭蟲等的方式是利用 1. 去除油膜，2. 透過鑿洞使水分更快消失**兩種攻擊法的加乘作用。

各位看過拳王泰森在拳擊賽中使對方喪失戰鬥力的方法嗎？他使用了先打側邊給予肝和脾臟劇烈的衝擊和痛苦，誘導對方放下守備，再使出從下巴往上打的上勾拳的兩階段組合攻擊。是不是和矽藻土殺死昆蟲的方式很像呢？

7 嚙蟲不貪甜，菊花是牠的剋星

除了被稱為書蟲的蠹魚之外，還有一種書蟲，也就是嚙蟲。要是它也跟螞蟻一樣喜歡甜食，就可以用甜水引誘牠們吃硼砂，但牠們不貪甜，所以有點棘手。看來必須使出殺蟲劑這招了。

除蟲菊精

名為除蟲菊的菊花中含有叫作除蟲菊精的成分，這個除蟲菊精有非常強效的殺蟲力。==除蟲菊精能麻痺昆蟲的神經並將其殺死，市面上有販售從菊花萃取作為噴霧劑的產品，請用這個來噴蟎蟲==，牠們會立刻六腳朝天，嗚呼哀哉。除了菊花萃取的除蟲菊精，也有含人工合成除蟲菊精成分的噴霧型產品，用這個也可以。在網路搜尋「除蟲菊精噴霧」，就能找到相關的產品了。

　　使用這類殺蟲噴霧劑，可能會對某些人造成影響，所以==使用完含除蟲菊精成分的噴霧，別忘了打開門窗通風==。還有一個重點！蟎蟲喜歡潮濕的地方，所以只要讓家裡保持乾燥，就可以解決大半的問題了。

> **TIP：懶人化學家的生活小知識**
>
> 可別因為除蟲菊精是萃取自菊花，就認為是「天然」成分、沒有毒性對人類無害。千萬別被天然這個詞迷惑而有「絕對安全」的認知，噴灑後一定要好好地通風。切記，河魨的毒、毒蛙的毒、蠍子和響尾蛇的毒，全都是天然的。

驅蟲筆、菊花和頭蝨有什麼關聯？ 8

驅蟲筆長得像粉筆,如果用來在地上畫線,蟲子就不會越過那條線,讓人覺得很神奇,所以市面上就有一個品牌叫作神奇牌驅蟲筆,它是在粉筆中加入名為溴氰菊酯(decamethrin)的殺蟲成分製作而成。

前面提到殺死蟎蟲的除蟲菊精萃取自菊花,而溴氰菊酯則是和除蟲菊精有類似化學結構的人工合成物質,是化學家分析菊花的殺蟲成分並嘗試仿製相似結構後,挑選出來的其中殺蟲力強的化合物。所以說,神奇牌驅蟲筆的殺蟲成分溴氰菊酯,可以說是菊花的除蟲菊精的仿製品。

孩子們去遊樂園跳完蹦蹦床(彈跳床)回來時可能染上頭蝨,除蟲菊精就能殺死頭蝨,它的仿製品中,稱為苄氯菊酯

（permethrin）的人工合成化合物也能殺死頭蝨。含有這類殺蟲成分的洗髮精能在藥局買到。

原來可以透過研究菊花中殺蟲成分的化學結構，然後利用和其樣貌類似的化學結構來殺死蟲子啊。自然真偉大，教導了人類很多事情呢。

請試著記住，神奇牌驅蟲筆含有菊花殺蟲成分仿製品的人工合成物質。只要知道這個，各位的化學能力值將＋9999。

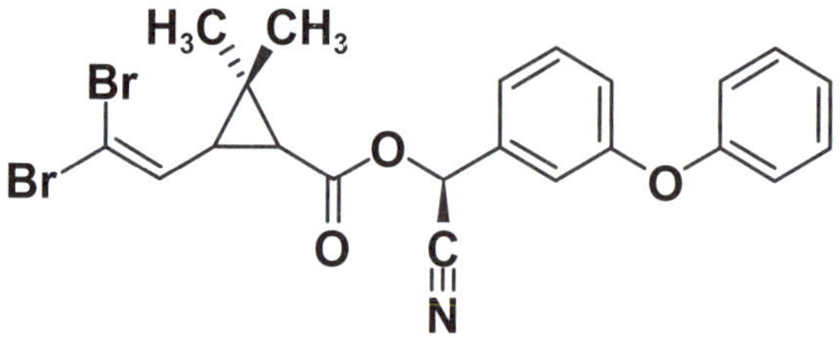

溴氰菊酯（神奇牌驅蟲筆成分）

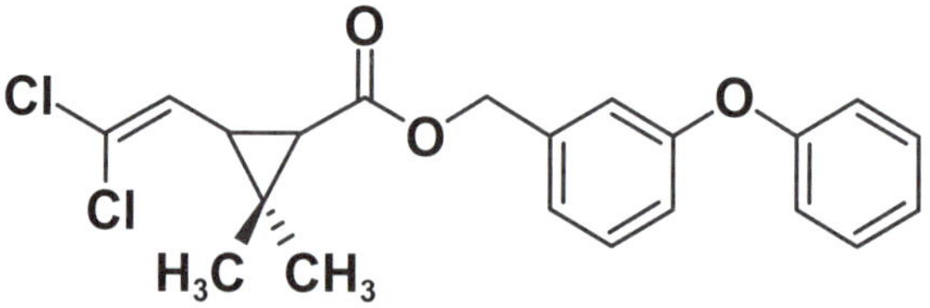

苄氯菊酯（頭蝨殺蟲劑）

除蟲菊精（菊花的殺蟲成分）

　　這些化學結構的三角形那頭看起來有點像對吧？化合物是非常好理解的，如果長得像，通常也會有相似的性質。

　　如果有人和拳王泰森有相似的氣場且體格也相近的話，請不要沒事挑釁他，挨揍的可能性很高。「人如其名」，這句話可不是空穴來風。😄

> **TIP：懶人化學家的生活小知識**
>
> 除蟲菊精、溴氰菊酯、苄氯菊酯全都是能麻痺昆蟲的神經並將其殺死的成分。這樣的成分怎麼可能對人體會好呢？當然，只要使用低濃度並用在殺蟲用途就沒問題，但要注意別讓寵物或小孩接觸到這些成分。如果能清楚掌握到哪裡危險、哪裡不危險的分界線，即使是危險物質，只要好好處理，就能過著更安全和幸福的生活。為了實現這樣的生活，我們需要增長知識。

消滅螞蟻就能防治花圃的麻煩精蚜蟲 ⑨

　　螞蟻會吸食蚜蟲吃完植物後從尾部排出的甜甜液體，當蚜蟲的天敵來補食蚜蟲時，螞蟻群會衝進來咬牠們並保護蚜蟲。螞蟻和蚜蟲是共生的關係，彼此是和諧扶持的生命共同體。但對農夫來說就一點都不和諧了，當農夫看到自己栽培的幼小植物或開花樹木被蚜蟲覆蓋時，心中可是焦急如焚，自然會產生想用殺蟲劑噴霧趕盡殺絕的念頭。然而務農只是一年的事嗎？決定做有機農業的話，就要堅守這份決心才行。就讓我來幫各位農夫守護這份決心吧。

　　如果螞蟻不保護蚜蟲的話，會怎麼樣呢？蚜蟲的天敵幼蟲們或瓢蟲等一定會津津有味地將蚜蟲吃個精光吧？所以蚜蟲的防治法，就是讓螞蟻不需要特地去找蚜蟲吸食牠尾部排出的蜜露。

1. 首先,利用砂糖和硼砂混合的糖漿引誘螞蟻。方法前面已經說過,這裡就不再贅述。
2. 接著,將糖漿裝入寶特瓶等容器,並將其平放。稍微挖開地面並埋入部分瓶子的話,螞蟻就能更容易進入瓶口。如果再在這個螞蟻陷阱上方撐把傘,即使遇到下雨也沒問題了。吃到這個混了硼砂的糖漿,螞蟻勢必會死翹翹,不再受到保護的蚜蟲很快就會消失了。

你問為什麼要殺了螞蟻?事實上,螞蟻會將蚜蟲的幼蟲帶回自己的蟻窩並照顧牠們過冬,等到了春天,再將牠們放回自己想吸食蜜露的植物上。真是聰明絕頂的傢伙。讓蚜蟲奴隸們努力工作,自己則享受吸食蜜露。所以說,要用硼砂將螞蟻軍團撲滅,隔年才不用擔心蚜蟲孳生。祝各位都能迎來沒有蚜蟲的務農生活。

> **TIP:懶人化學家的生活小知識**
>
> 我只擔心一件事,就是蜜蜂和蝴蝶也喜歡甜甜的糖水。蜜蜂和蝴蝶是協助花朵授粉以產生種子的有益傢伙,所以不能殺了牠們。因此,需要製作只有螞蟻才進得去的捕蟻陷阱。

生命和健康都是化學的延伸

比人類在地球上住了更久、仗著自己是資深老屁股的昆蟲們，不論我們住在哪裡，只要有機可乘，牠們就會亂入我們的生活。雖然人類比較晚才出現，卻占領地球並剝奪了昆蟲們的據點是事實，但我可不想因為道德責任，而招待昆蟲進到安居生活的場所。看著以我們吃剩的食物維生，或是啃噬我們身體以生存的昆蟲們，實在無法存有好感。

昆蟲和我們有很大的相異點。昆蟲一生的週期比人類短非常多，但因為有能生殖龐大後代的能力，只要稍微掉以輕心，個體數就會以幾何級數的程度增加。並且，因為生命週期短、繁殖後代的能力強，所以昆蟲也很容易對殺蟲劑等發展出抗藥性。人類如果突變，會罹患癌症而死亡，但昆蟲如果發生突變，也可能會有不死並產生抗藥性，生存力變得更強的情況。

因此，如果不想招待昆蟲來我們家，就必須充分理解昆蟲的生態，並找到能撲滅牠們的根本方法。有些昆蟲用硼砂、有

些昆蟲用除蟲菊精類藥物、有些昆蟲則要用高溫來殺死才行，根據情況而有不同。

　　在這個章節，我們探討了不想常在我們周遭看到，但還是可能會看到的蟲蟲們的消滅法。不論是蟲子或我們，追根究柢都是化學的存在。難道有例外的生命嗎？我想各位都充分認識到了，化學在要結束昆蟲的生命上也發揮著重要的作用。雖然在終結昆蟲性命的同時這樣講有些不合適，但期許各位都能體認到我們的生命和健康都是化學的延伸，並能將化學知識活用在經營更健康的生活上。祝各位都健康長壽。

PART. 2

1%知識分子
才知道的化學小故事

化學式生活法：
觀察、思考與實驗

在網誌上傳授懶人化學擄獲不少粉絲後，我突然就有了「啊，好酸老師」「懶人之王」「懶王」「懶人家政師」（妻子幫我取的名字）等別名。在PART 2，我將帶大家來了解一下，我是怎麼導出這些「解決對策」的。先來說說去除紅酒漬和浴室汙垢的方法。

第1階段：**蒐集觀察得到的片段。**
- 漂髮時會使用**過氧化氫**。
- 美白牙齒時也使用**過氧化氫**。

第2階段：**進行思考，活用化學知識。**
1. 人類的皮膚和頭髮是因為名為**黑色素**、含有**苯酚／苯醌**的色

素而帶有顏色。

2 紅酒的色素來自**多酚**，也一樣有**苯酚／苯醌**。

3 得出「過氧化氫能使黑色素氧化並漂色，所以應該也能漂白多酚吧？」的想法。

黑色素的化學結構

上了年紀，鬢角變得半白半黑，所以我會用染髮洗髮精處理白髮。這種洗髮精是靠將酚類化合物轉變為多酚來成色的；洗頭時噴濺出的泡泡乾掉後會變成褐色，把浴缸邊緣積水的部分弄得髒兮兮，是很好的實驗素材。

第3階段：**進行實驗。**

1. 試著在染髮洗髮精留下痕跡的地方倒雙氧水。過段時間後，看見痕跡消失，於是驗證了前面的想法是對的。沒必要特地用紅酒測試，就可以得出過氧化氫能漂白多酚類有色化合物的結論。
2. 每天早上在放染髮洗髮精的位置上撒幾粒過碳酸鈉粉末，尤其是瓶子周邊一定會撒。透過其周邊總是保持潔白，就能得知由幾粒過碳酸鈉粉末產生的過氧化氫充分發揮了漂白劑功能。

第4階段：**提供「解決對策」！**

1. 讓浴室的顏色變明亮又能使細菌無法生長的「過碳酸鈉顆粒」對策於是誕生。
2. 去除紅酒漬的對策也誕生了。

把過程寫出來，感覺上要花很多時間，但其實大部分都是在腦中發生，實際的行動，就只有試著倒一點過氧化氫和撒幾粒過碳酸鈉粉末而已，身體可是一點都沒出力的怠惰著。雖然偶爾也會做些有趣的實驗，像是去除抽油煙機濾網上的油垢，或是除去貼紙的黏膠痕跡等。不論是以什麼形式，嘗試將腦袋的想法具體實踐會讓人很有成就感。能親眼看到油脂遇到蘇打

變成肥皂,不是很神奇嗎?是我親手做的化學實驗耶!

各位只要也懂一些化學知識,就能像這樣導出自己的「解決對策」。生活裡的化學不過是酸和鹼、漂白劑等,只要知道這兩者就結束了,沒什麼難的,各位都能做到。一起來學習化學吧。

TIP:懶人化學家的生活小知識

p.s. 每個人都懷抱著或大或小的煩惱在過日子。很多時候,有些煩惱再怎麼思考也無法獲得解決,也有些煩惱只能靠時間克服,或者做了任何努力都依然無法解決。每個人都會有被這些煩惱困住而使得腦袋一團亂並憂鬱的時候,我也不例外。這種時候,就需要某樣能讓心神放空的事,不論是運動、閒聊或是清除油垢。請試著一天跟著做一項我所提出的解決對策看看,如果各位能再加入自己的訣竅會更有趣。因為不僅家中某處變乾淨會帶來成就感,集中在家事這個化學問題並慢慢進行解決的話,內心的沉重包袱也能暫時被忘記。

在打掃前先分析汙垢的化學組成（汙垢攻略篇） 2

要節省打掃時間才能有時間偷懶是吧？所以要運用小聰明才行，事先知道汙垢的化學成分，就能訂出去除這種汙垢的對策了。

1 油垢

油是有機酸分子所組成的，從名字就可以看出是酸類。那麼，如果和鹼反應不就會產生水和鹽類嗎？這個鹽類正是我們每天使用的肥皂。所以油垢才能用鹼性強的蘇打來處理，它乾脆把油直接變成肥皂了，所以能完美地去除油垢。

用水和洗碗精也能去除油分，洗碗精會包圍油並形成膠束。但是如果油脂太黏糊糊地附在碗盤或鍋子表面，光使用洗碗

精並不是太好的主意。實際用過洗碗精洗頑強油垢的人一定都知道，在此省略說明。有些人凡事只用腦袋想，但這個世界上不親身試過不會知道的事非常多。如果至今你還沒洗過油膩膩的鍋子或碗，希望你能去廚房直接摸看看，親身感受一下問題的嚴重性。

另外，油也可以用油來去除，像是WD-40等噴霧將油垢溶化，再擦掉。但是請不要用在廚房家事上，只在沾到腳踏車鏈條機油或是汽車潤滑油時使用。

2 **水垢**

水垢有很多種，有細菌或黴菌繁殖而產生的汙斑，也有像淋浴間玻璃門一樣，由碳酸鈣和從身體掉落的皮脂屑聚結而成的汙垢。

細菌或黴菌所生成的汙斑，應該先用能靠強大的氧化力將細菌殺死的過碳酸鈉或次氯酸鈉等漂白劑處理，接著必須打造細菌或黴菌無法重新繁殖的環境才行。只要在浴室地板撒幾粒過碳酸鈉粉末並保持乾燥，就可以大幅減少打掃的頻率。

3 **淋浴間玻璃門的汙垢**

以物理方式清除的話，可以使用菜瓜布或研磨劑努力摩擦表

面。特別是想要大量消耗物理力時,可以在菜瓜布上塗牙膏用力搓(牙膏含有研磨劑)。

以化學方式來處理的話,可以並用或先後進行去除碳酸鈣和油垢的過程——用檸檬酸溶出碳酸鈣,再使用鹼性的蘇打去除鬆動汙垢。

每家每戶的淋浴間玻璃狀態都不相同,而我提出的方法是假設玻璃門髒到極點的情況下利用的清潔法。

4 烤魚的油漬

讓魚發出腥味的物質可概分為兩種:鹼性物質或Omega-3等有機酸。所以,只要用檸檬酸等處理一次,再用小蘇打等鹼性物質再處理一次,烤魚時油噴濺到周圍所產生的油汙就能大幅解決了。鹼性物質也可以使用蘇打代替小蘇打。

「掌握對象並制定攻擊對方弱點的最佳策略」是我對打掃抱持的態度。懶人們如果也能把握汙垢的化學組成,並針對它制定化學、物理策略就能把體力和時間拿來做喜歡的事。所以說,擁有基本的化學知識很重要對吧?

> **TIP：懶人化學家的生活小知識**
>
> **對付遊手好閒又妨礙打掃的豬隊友的方法**
> 他們是非常複雜的化合物，又會動，甚至會發出味道，一肚子餓還會生氣抱怨。不過，他們通常遇強則弱，所以媽媽們只要變得更強大，就能讓他們移動到你期望的位置上，並且配合你去做你要他們做的事。大部分情況下，用冷水噴霧或吸塵器噪音就能毫不費力地讓他們挪動屁股。期待主婦們都能牢記並活用 。 😀

公式得證：善用化學力自然能懶得有理 ③

　　熱力學有這樣的公式：$\Delta G = \Delta H - T\Delta S$。若使用這個公式，則能判斷某種化學或物理現象是否會發生。雖然有點難，但還是一起來學習吧。

　　首先請記得：「若ΔG小於零，則該現象可能會發生；若大於零，則絕不會發生。」

　　ΔH就像生活中發生的這種事──如果隨便吃了些什麼，熱量會充滿身體對吧？那麼身體的ΔH就會是正數；努力運動而筋疲力盡時，身體的ΔH會是負數。

Δ	Δ在數學中是表示「最終值減初始值的記號」。 Δ讀作delta。
ΔG	「反應後的自由能－反應前的自由能」，即為「自由能的變化」。 將自由能G想成能自由從某個熱力學系統（例如人類也是一種系統）中被提取並用來對外作功的能量。 某現象若要能自發或自然進行，自由能的變化值必須為負數(-)，也就是說，反應會自行發生在自由能減少的一方。
ΔH	「反應後的焓－反應的前焓」，即為「焓的變化」。 把焓想成是熱能就可以了。人們如果吃飯，熱量會進到身體裡對吧？這就是身體的焓增加。 若熱能增加，則焓的變化為正數(+)；若減少則為負數(-)。熱能喪失的反應稱為「放熱反應」，吸收熱能的反應稱為「吸熱反應」。如果使用了大量的能量打掃家裡，因身體喪失熱能，所以ΔH會是很大的負數。
T	「絕對溫度」。 攝氏溫度 +273.15稱為絕對溫度，其值必為正數。
ΔS	「反應後的熵－反應的前熵」，即為「熵的變化」。 熵指的是亂度。若因反應進行而使系統變得更混亂的話，則熵的變化為正數(+)；變得更有秩序的話，則熵的變化為負數(-)。

ΔS是亂度的變化。乾淨的家裡如果變得髒亂,那麼ΔS就是正數;髒亂的家變乾淨的話,ΔS就是負數。

若ΔH為負數、ΔS為正數,則ΔG必為負數。T不論何時皆為正數,所以-TΔS的正負號會與ΔS的相反。在某種現象中,若ΔH為負數、ΔS為正數的話,則因ΔG無論如何必為負數,該現象會自發進行。

$$\Delta G = \Delta H - T\Delta S$$
負數　　負數　　負數

為什麼家裡總是會變髒?

人類天生就不喜歡消耗能量,幾乎什麼都不做,所以ΔH近乎0。然而不管我們做什麼,或是從家中天花板落下灰塵或什麼物體等,都會使「亂度」增加,因此ΔS容易成為正數,而ΔG就會是負數。

換句話說,家裡變髒亂是必然會自動發生的事,而凌亂的家裡什麼都不做卻變乾淨,是絕對不可能發生的事。

$$\Delta G = \Delta H - T\Delta S$$
負數　　0　　負數

那麼，讓我們試著來打造乾淨的家園吧。如果要打造乾淨的家，亂度得減少，所以-TΔS會是正數。如果想要讓ΔG成為負數，ΔH就必須是夠大的負數。也就是說，必須使用很多能量打掃才行。

$$\Delta G = \Delta H - T\Delta S$$

負數　　大的負數　　正數

這說明了，我們的家要變髒亂很容易，要變乾淨，身體就必須努力工作，所以很困難。

是的，不消耗大量能量家裡是不會乾淨的。我們可以透過物理方式使用身體的能量，也可以利用化合物的能量。當然也可能會有「田螺姑娘」來幫忙把家裡打掃乾淨，但放在現在的時代恐怕會讓人心裡發毛：居然有跟蹤狂跑來打掃家裡，唉呦～恐怖喔。

現在知道我們懶人該怎麼做了嗎？不是用身體打掃，而要利用檸檬酸、蘇打、過碳酸鈉等，讓它們來代替我們打掃。這就是化學式生活無與倫比的原因。

> **TIP：懶人化學家的生活小知識**
>
> 若想要家裡變乾淨，就得消耗能量，勤勞打掃雖然會讓身體累一點，但家裡能變乾淨。如果可以用化合物的能量來代替體力，就是從含有高能量的化合物中轉借它的能量來打掃，結果一樣都能收獲「乾淨的家」，但因為沒有占用個人太多時間和體能，省下的時間就可以留給自己，泡杯咖啡沉浸閱讀或是聽音樂運動都好。熱力學保證了這一點，如果各位能活用化學的能量，不僅家裡能變乾淨，生活也會變得更輕鬆。

懶人的洗衣祕訣：
正確認識清潔三寶

4

第一寶：檸檬酸

用鹼性清潔劑洗衣服的話，衣服會變鹼性、變硬，這時候檸檬酸就能發揮功用。檸檬酸顧名思義是酸的一種，能提供衣服表面H^+離子，讓衣服變得柔軟，因為呈酸性，能有效除去來自金屬的汙染物。例如，在整理花圃時，衣服染到草的汁液，使用檸檬酸清洗是個好主意。

另外，水中若有很多鈣離子或鎂離子，檸檬酸能緊抓住這些傢伙，使水從硬水變成軟水，讓少量的清潔劑也能容易起泡，並幫助衣服洗得更乾淨。

會發出魚腥味的物質有鹼性也有酸性，如果用檸檬酸洗衣服的話，應該能去除其中鹼性的腥味成分吧？

第二寶：小蘇打

　　小蘇打是弱鹼性鹽類，鹼性物質基本上都能有效去除油垢。此外，我們的身體所發出的難聞氣味，主要來自於有機酸－COOH，而小蘇打能和這類物質發生反應並除掉異味。

　　對於常運動的人，小蘇打是很好的清潔妙方，能洗掉衣服上難除的異味。

第三寶：過碳酸鈉

　　過碳酸鈉是由強鹼的蘇打和有漂白、殺菌力的過氧化氫組成的物質。因為蘇打是鹼性，所以在去除油垢方面應該很優秀，而且還能和有機酸等反應使異味消失。此外，過氧化氫還能提供有漂白、殺菌力的氧自由基。

　　過碳酸鈉也可以用來殺死砧板上的細菌。當然，餐具、碗盤也可以，但是這些光用洗碗精就能充分洗淨，因此不需特別使用過碳酸鈉或混合洗碗精來清洗和殺菌。現在來了解一下哪些值得實踐，哪些又是無謂的行動吧。

1　沒有太大用處

- **檸檬酸＋小蘇打**：兩者混用會直接進行中和反應。儘管**會製造出一些檸檬酸鈉**，要是衣服上的金屬汙染嚴重，

是能稍微產生小小的幫助,但這個組合並沒有太大功效。檸檬酸鈉的檸檬酸陰離子能使部分鈣離子沉澱,但正常狀況下,自來水中的鈣離子或鎂離子含量不至於妨礙洗衣清潔。

2 **沒用,但勉強可用**

- **檸檬酸+過碳酸鈉**:檸檬酸+蘇打會產生中和反應,**會生成水、檸檬酸鈉及過氧化氫**。同樣的這一組也對洗淨衣服沒有太大效果。為什麼?因為只用過氧化氫或過碳酸鈉就可以了。

  不過,這個組合也有大顯身手的時候。如果想快速漂白廁所馬桶,而且家裡正好沒有次氯酸鈉或過氧化氫時,將這兩者在馬桶水箱內混合,就能快速製造出過氧化氫,即能快速清潔馬桶囉。

3 **值得利用**

- **小蘇打+過碳酸鈉**:乍看像是沒什麼功用的組合,很容易被認為與以水兌水、以酒套酒沒兩樣,但實際並非如此,容我為大家說明吧。要去除異味和衣服的油汙時,最好使用較不會讓衣服變硬的鹼性小蘇打。雖然使用蘇

打也能達到相同目的，但因為蘇打的鹼性更強，衣服容易變得更硬，所以不建議用。**調整加入小蘇打和過碳酸鈉中的蘇打比例，就能在除臭程度和衣物的硬度之間找到最佳的平衡點。**此外，過碳酸鈉生成的漂白劑成分過氧化氫，則有殺菌和使有色衣物更鮮豔的功效。

- **清潔三寶之一 + 一般清潔劑**：非常好的主意。

TIP：懶人化學家的生活小知識

小蘇打和蘇打的差異

小蘇打是烤麵包時會添加使用的可食用物質，但蘇打因為是強鹼，所以不能吃。相較來說，用來去除油垢時，蘇打的效果卓越，但衣物會變得更硬；小蘇打是弱鹼性，可以食用，所以很安全，使得用途更加廣泛。現在了解清潔淋浴間玻璃門，需要使用鹼性更強的蘇打了嗎？這樣才能更有效去除油垢啊。當然啦，使用小蘇打也可以，問題是必須更用力和更花時間地用菜瓜布刷洗。所以我才說洗衣服時用小蘇打，需要擺脫頑固油垢時用蘇打。但是，要洗浸滿油漬的工作服又另當別論了，這種情況還是用蘇打更好。要使用清潔三寶的哪一個得根據情況判斷才行，書中提供的只是一般範例。

高溫下,小蘇打會分解出蘇打,弱鹼變強鹼 5

小蘇打和蘇打仍然傻傻分不清嗎?我就再說明一次吧。若用高溫烤小蘇打(碳酸氫鈉),2個小蘇打分子會跑出1個二氧化碳分子和1個水分子,並且會產生1個蘇打分子(碳酸鈉)。其化學反應式如下:

$$2NaHCO_3 \rightarrow Na_2CO_3 + CO_2 + H_2O$$

小蘇打是構成發酵粉(亦即膨鬆劑、泡打粉)的成分,用來製作麵包或鬆餅。蘇打的英文為 washing soda,正如字面意思,是在洗東西時使用。

當帽子沾到防曬乳或粉底液時,該怎麼清洗很令人傷腦筋

吧？為了幫大家想個好對策，我在去年某個炎熱的夏日去了一趟高爾夫球場。不要懷疑，我是真的想幫各位解決煩惱才去打高爾夫球的，OK。當時我在更衣室塗了很多防曬乳液，而且一整天在烈日下挖土打洞，帽沿因為汗水和防曬乳變得髒兮兮，搞得我十分煩躁，根本不記得我打了幾桿。

一回到家，我馬上就進行了實驗。在洗臉盆接水並溶解幾匙蘇打後，放入帽子攪動幾下，於是被防曬乳弄髒的地方就變乾淨了。透過這項觀察，可以類推出「沾到粉底液的帽子，大概也可以用同樣的方法清乾淨吧」。請各位有機會也試試看，一定會讓你很有成就感。

TIP：懶人化學家的生活小知識

蘇打就是碳酸鈉，但與過碳酸鈉不同。過碳酸鈉溶於水後會產生過氧化氫和蘇打，所以只要將過碳酸鈉想成是「蘇打＋漂白劑過氧化氫」就行了。如果要去除一般的油脂，只要使用蘇打就行。過碳酸鈉不易溶於冷水，但蘇打會溶得非常快，因此要去除油脂的話，蘇打的性能要比過碳酸鈉還優秀。

沒有羥基的小蘇打為何是鹼性？ 6

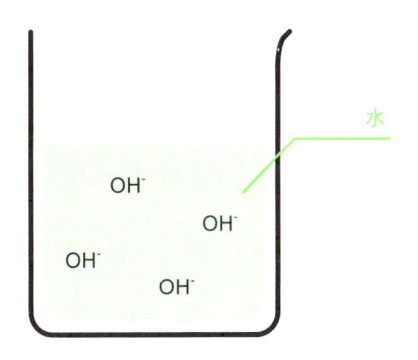

鹼是溶於水時會釋出OH^-（羥基、氫氧基）離子的物質。以氫氧化鈉NaOH為例，其溶於水時會產生Na^+和OH^-，所以完美符合鹼的定義。

$$NaOH \rightarrow Na^+ + OH^-$$

小蘇打的分子式是 $NaHCO_3$。怎麼看都看不到 OH^-，那它為何是鹼性呢？因為小蘇打溶於水時會產生 Na^+ 和 HCO_3^-。

$$NaHCO_3 \rightarrow Na^+ + HCO_3^-$$

而 HCO_3^- 還能再進行反應。它會和水（H_2O）反應，並依下面反應式生成 OH^-。由於會形成 OH^-，所以溶有小蘇打的水會呈鹼性。

$$HCO_3^- + H_2O \rightleftarrows H_2CO_3 + OH^-$$

從此反應式中能發現一個特別之處。箭頭的方向朝向兩頭對吧？這意味著反應會從左到右，也會從右到左，稱為化學平衡（equilibrium）。

在上面的反應式中新形成的 H_2CO_3（稱為碳酸）和水及二氧化碳有如下方反應式的平衡關係。也就是說，碳酸能分解為水和二氧化碳。這就是汽水倒入杯子裡放久之後會變成糖水的原因。

$$H_2CO_3 \rightleftarrows CO_2 + H_2O$$

> **TIP：懶人化學家的生活小知識**
>
> 前面說過蘇打（Na_2CO_3）的鹼性比小蘇打強對吧？
> $Na_2CO_3 \rightarrow 2Na^+ + CO_3^{2-}$
> $CO_3^{2-} + H_2O \rightleftarrows HCO_3^- + OH^-$
> $HCO_3^- + H_2O \rightleftarrows H_2CO_3 + OH^-$
> $H_2CO_3 \rightleftarrows CO_2 + H_2O$
>
> 以上方第二個反應為例，左邊到右邊的過程相當容易發生。若將差不多量的蘇打和小蘇打溶於水，蘇打溶於水時水中的OH^-濃度會比小蘇打溶於水時來得更高，因此蘇打的鹼性比小蘇打更強。

小蘇打和食醋會發生劇烈反應的原理 7

前面學過了 $\Delta G = \Delta H - T\Delta S$ 的公式,和「**若 ΔG 小於零,則該現象可能會發生**;若大於零,則絕不會發生」。

食醋的主要成分醋酸和小蘇打(碳酸氫鈉)的反應式如下:

$$CH_3COOH + NaHCO_3 \rightarrow CO_2 + H_2O + CH_3COONa$$

此反應中有兩個值得注意的地方。

第一,酸性物質和鹼性物質進行中和反應時會放熱。請將 ΔH 想成是化合物的熱能變化。如果熱能被釋出,則表示是由高變為低,因此會是負數。

第二,此反應會產生二氧化碳氣體。二氧化碳會飄散至空

氣中,並可擴散到任何地方。比起反應前,反應後的狀態更混亂,意即亂度S反應後會比反應前還高,由此得到亂度變化的ΔS為正數,因此-TΔS為負數。

由於ΔH是負數,-TΔS也是負數,所以ΔG也必為負數。也就是說,小蘇打若遇到食醋必定會發生反應,並且是經熱力學保證的劇烈反應。

$$\Delta G = \Delta H - T\Delta S$$

負數　　負數　　負數

> **TIP:懶人化學家的生活小知識**
>
> 在家混合不同物質時,如果突然產生氣體,就表示該反應很容易發生,並且很可能會劇烈地發生。反應發生在亂度增加方的可能性很高,舉例來說,若混合酸和次氯酸鈉,會產生氯氣對吧?要是混合的量很多,反應甚至可能會失控,導致爆炸。
>
> 所以,請記住:**要小心突然產生大量氣體和會放熱的反應!這是熱力學喜愛的反應,所以不知道它會做出什麼事。**另外,要明確弄清楚所產生的是什麼氣體,才不會發生意外事故。

覺得蘇打洗碗太可怕嗎？那就別吃鬆餅了 8

很多人對頭一次聽到的事會有點疑慮，用蘇打洗碗是其中之一。不少人都知道蘇打可以用來洗衣服，但對於拿它來洗碗的提議，則會抱持懷疑，真的沒問題嗎？甚至有的人會感到害怕。只要願意學習蘇打是從哪裡來、有什麼性質、會產生什麼反應，就會了解根本沒什麼好擔憂的。

小蘇打若在高溫下分解會形成蘇打——

$$2NaHCO_3 \rightarrow Na_2CO_3 + CO_2 + H_2O$$

想必各位已經知道小蘇打（baking soda）可以用來烤麵包，也就是可食用的物質對吧？baking是「烤」的意思，「烤」麵

包時使用，所以稱為「baking」soda。鬆餅粉內也含有小蘇打粉，那麼在煎鬆餅時，會產生什麼呢？沒錯，會產生蘇打，同時也會產生二氧化碳氣體，所以在煎的時候，鬆餅上會冒出許多洞洞。

這裡有兩個需要提出的重點：

1. **量少**：煎鬆餅所產生的蘇打量很少，所以我們吃了不會有問題。蘇打進到胃裡後，會和胃液中的鹽酸反應，形成食鹽和二氧化碳（CO_2）。
2. **酸鹼中和**：鬆餅粉中還添加有酸性物質。此酸性物質會和蘇打行中和反應，所以鬆餅不會有鹼性物質特有的澀味。

煎鬆餅時，小蘇打先變成蘇打後，這些蘇打又因為中和反應變成水和鹽類。

看了上面的說明，大家可別太放心地以為直接拿湯匙舀一勺蘇打來吃也可以，如果大量攝取，還是會有危險（一口氣吃下200g左右的話。正常來說不太可能發生）。這裡主要是想跟各位說，沒必要對使用蘇打洗碗大驚小怪，少量的利用並不致危害人體健康。

下面再為大家進一步釋疑：

- 洗碗機用洗劑的主要成分之一是蘇打。在洗碗機可以用，洗碗時卻不敢用，這太沒道理了。
- 蘇打非常易溶於水。所以洗碗後只要將碗盤用水沖洗，就能夠完全洗乾淨。如果還是覺得怕怕的，就用稀釋過的食醋或檸檬酸溶液擦拭即可。中和反應會將蘇打變成鹽類。
- 蘇打是由（食用沒問題的）小蘇打製成的物質，所以至少是從可以吃的物質而來的。
- 蘇打會和環境中的二氧化碳反應並變成小蘇打。各位的血液中充滿了構成小蘇打的成分Na^+離子和HCO_3^-離子，所以沒必要太害怕小蘇打，以及由小蘇打製成的蘇打，是吧？

希望現在各位已經不再那麼害怕蘇打了。要是依然覺得「啊啊啊！好可怕」的話也沒辦法，就只能這樣了，畢竟還有些人相信開著電風扇睡覺會死掉呢。會怕的人就請別吃鬆餅了，那可是有可能殘留可怕蘇打的食物啊。

> **TIP：懶人化學家的生活小知識**
>
> 蘇打有極佳的去油汙能力。洗完油膩膩的碗盤後，油分殘留在手或橡膠手套上黏呼呼的讓人心情很糟。這時候請在手上稍微撒一些蘇打粉，並快速（5秒以內）用手搓開再馬上用水洗掉看看，馬上就會變成乾爽的雙手（或橡膠手套）。我認為這是對要接觸油脂多的海鮮，或豬、牛的肥肉部分的人尤其有幫助的小撇步。

喬遷、年節拜訪親友最貼心的賀禮 9

　　用蘇打洗過碗盤的人應該有所體會——「碗盤上面的油分一下子就消失了,我怎麼這麼厲害,能把碗盤洗得亮晶晶?」「沒怎麼用洗碗精就能洗得這麼乾淨?!真神奇。」——不用大量洗碗精,而且省水,對環境保護有很大的幫助。除此之外,用蘇打洗碗還有其他隱藏的優點。

　　蛋白質在強鹼溶液中會分解成小塊的胜肽碎片,進一步再分解成胺基酸,所以市面販售的排水口清潔劑都是強鹼溶液,可以溶解頭髮的蛋白質。

　　廚房水槽的排水口難免會有油垢和食物殘渣堆積。各位已經知道蘇打會將油垢的一部分變成肥皂了,對吧?食物中也含有蛋白質,這些蛋白質在蘇打的作用下也會溶於水(蘇打雖然

是比較強的鹼,但在用水將碗盤沖洗乾淨的過程會被稀釋許多。因為量不多,所以從排水口排出時不會影響到下水道的酸度),因此用蘇打洗碗的話,油分子團和蛋白質分子團無法互相聚合,排水口必定會變乾淨。

前面已說過,在廚房水槽排水口撒少許過碳酸鈉很有效。過碳酸鈉溶於水後會變成蘇打,並能形成過氧化氫。過氧化氫是細菌殺手,本來脂肪和蛋白質就因為蘇打而無法留在排水口了,再加上過氧化氫,這對細菌來說是地獄無誤,就像是已經沒東西可吃,在飢腸轆轆下,還有死神虎視眈眈地等著殺死細菌。用蘇打洗碗並用過碳酸鈉清潔管理廚房水槽的排水口,這絕對是乾淨無味家園的基本配套。

> **TIP:懶人化學家的生活小知識**
>
> p.s. 下次要參加喬遷宴時,就送幾桶蘇打當賀禮吧,而且別忘記告知使用方法喔。能讓洗碗更輕鬆且能大幅提升生活品質,相信送出這種賀禮的你一定會被認可是有格調的朋友。逢年過節帶去親戚家當伴手禮也不錯,想必會受到愛的洗禮。

10 為什麼蘇打溶於水時會發熱？

> 🧑 mel***
> 我把蘇打和水混合時，水突然變得很熱，為什麼會這樣呢？既害怕又好奇，所以想請教您。

我等了好久，終於有人提出這個問題了。各位有多久沒因為看見某種現象而好奇地問「為什麼會這樣？」了呢？小時候好奇心比天高，但隨著年紀增長，是否一切都變得索然無味了呢？提出這個問題的人回到了5歲的童心，如果現年40歲的話，就是年輕了35歲。恭喜您！成功做到了任何人都辦不到的逆轉時光！

蘇打的化學分子式是Na_2CO_3，溶於水時會產生2個Na^+

離子和1個CO_3^{2-}離子。水的分子式是H_2O，氧原子O喜歡陽離子，並且氫原子H喜歡陰離子。當陽離子溶進水中時，會有很多水分子圍上去，這是氧原子受陽離子吸引；可以把它想成是偶像男星周邊圍了大量粉絲的樣子。陰離子溶進水中也同樣會被很多水分子包圍，這次是氫原子受到陰離子吸引；可以想成是人氣女歌手身旁圍了無數粉絲的樣子。受到眾多粉絲愛戴的明星在這個時刻想必會感到無比幸福，在感受龐大幸福的同時，可能還會熱情地釋放能量唱歌又跳舞，對吧？

很好，這裡所釋放出的能量就稱為「熱能」。蘇打中的陽離子和陰離子雖然原本互相喜歡，但它們更喜歡被無數的水分子包圍。所以才會大肆釋放熱能。

若化合物將原本保有的能量在化學反應中釋出，就稱為放熱反應。更準確地說，從不穩定狀態轉變為較穩定狀態，就會釋放出熱能。我們周遭可見的放熱反應有很多，火焰燃燒的反應也是放熱反應，炸藥爆炸時也會發生放熱反應。各位吃完飯、做運動時也會發熱吧？這是因為營養素被燃燒並釋出了熱能。

飯吃得多的人，勢必也得放出相對多的能量，而這份能量會透過行為顯現，也會直接以熱能形式顯現。因此，出演美食

節目的大塊頭搞笑藝人們，光是吃個東西就汗流浹背。反觀骨瘦如柴的人，如果食量很大，多半都是十分好動，把能量都用在行動上了。

　　各位只要記住這點就行了：所用物質的量決定「產出熱能」的量。所以，只要不一次使用過多的量就不會有問題了。用在家事上的蘇打量不會很多，正常來說不太會造成溶液燙傷，毋須太擔心。

> **TIP：懶人化學家的生活小知識**
>
> *p.s.* 放熱反應在我們的生活中扮演很重要的角色。進食後，營養素燃燒時會產生熱能，這份熱能讓我們可以從事活動、運動並維持體溫。若要我們的身體持續進行放熱反應，就必須不斷供應燃料，就好像若不持續幫汽車加入汽油，就不能運轉一樣，我們必須持續進食才能生存。這是維持生命的基本條件，希望各位不要對進食的行為抱有太大罪惡感。

蘇打會溶於水並非偶然,而是必然? 11

再來活用一次 $\Delta G = \Delta H - T\Delta S$ 的公式吧。再複習一下「若 ΔG 小於零,則該現象可能會發生;若大於零,則絕不會發生。」

化合物放出熱能的話,周邊會變熱;若是將蘇打溶於水,水會變熱。對蘇打而言,這是熱能被搶走了,ΔH 為負數。蘇打溶於水前是固體,有一定的體積並且不會移動;溶於水後,不只會分為陽離子和陰離子,還會分散在水中。所以,對比本來的狀態,是變得更井然有序,還是變得更亂了呢?沒錯,變更亂了。

因為亂度 S 增加,所以亂度的變化 ΔS 此時會是正數。如此一來,$-T\Delta S$ 就會是負數。試試把這些數值代入 ΔG 公式:ΔH

是負數、-TΔS也是負數，所以ΔG必定是負數。也就是說，這意味著蘇打溶於水是必定會發生的現象。

$$\Delta G = \Delta H - T\Delta S$$
負數　　負數　　負數

蘇打加入水中會溶化的原理，可以藉上面的熱力學公式說明。在自然界中發生的許多現象，甚至是人類的各種行為等，也都可以用類似的方法來解釋。

TIP：懶人化學家的生活小知識

更深入了解一下吧。蘇打的分子式是Na_2CO_3，在這個固態物質中，陽離子Na^+和陰離子CO_3^{2-}互相抓著彼此。當水加入，水分子中的氧原子包圍了陽離子Na^+並將其帶往水中，而陰離子CO_3^{2-}則被水分子的氫原子包圍而拉入水裡。接著，透過水變熱可以得知，水分子包圍住陽離子和陰離子時的狀態，比陽離子和陰離子在固體中抓著彼此時更為穩定。這表示，一開始Na_2CO_3中的陽離子Na^+和陰離子CO_3^{2-}並不是處於那麼穩定的狀態，因為如果是幸福地緊抓著彼此，就算水要來拉開它們，也不會放手，對吧。人與人的關係不也是這樣嗎？彼此非常相愛的幸福情侶，並不會無緣無故分手。人生中，會經歷數次相遇和分離都是有原因的。如果一開始就強烈地彼此吸引，並能繼續維持這份吸引力的話，就絕對不會分手。

懶人的朋友，過碳酸鈉的牢騷

12

我一遇水就溶化溶化

產生蘇打和過氧化氫

沒錯，去油之王蘇打

沒錯，消毒水的成分過氧化氫

但是請聽聽我說啊

你們都誤會過氧化氫了

過氧化氫很不穩定，的確

所以才想要交朋友啊

遇見細菌就「做個朋友吧」

遇見顏色分子就「做個朋友吧」

但是朋友們全死掉了

細菌和顏色分子都死掉而變透明了
那要是沒交到朋友會怎麼樣呢？
會製造出氧分子，啵啵啵啵……
沒錯，你們所看見的氣泡就是氧氣
人們以為啵啵冒出的氣泡是可怕的物質
才不是，一點也不可怕
啵啵冒出的氣泡是氧分子啊
氧氣對各位是無害的
看哪，你們現在不是正吸著空氣嗎
被撒在浴室的我過碳酸鈉仍未有變化
現在還沒來得及製造過氧化氫
你們會把我捏起來吃嗎？
並不會，那有什麼好怕的呢？
從水中冒出氧氣很恐怖嗎？
那你們怎麼呼吸空氣生存？
我溶化後把細菌都殺光了不是嘛
我溶化後把汙漬都清掉了不是嘛
我又不會害你們
我是幫助你們欸
到底為什麼對我誤會這麼大？

只要不吃我也不喝我溶進的水

這樣就沒問題了,明白了嗎?只要這樣

那麼我永遠會是各位的朋友

> **TIP:懶人化學家的生活小知識**
>
> 過碳酸鈉溶於水時會形成蘇打和過氧化氫,過氧化氫會透過化學反應殺死細菌並清除汙漬,但是沒溶在水中的過碳酸鈉什麼功能也沒有。此外,如果沒有需要消滅的細菌或顏色分子,過氧化氫最後會隨著時間變成水和氧分子。
>
> $H_2O_2 \rightarrow \frac{1}{2}O_2 + H_2O$
>
> 各位如果將過碳酸鈉撒入乾淨的馬桶水中,可以看到邊啵啵作響邊向上冒出的氣泡,是氧分子,就是空氣中、我們每次呼吸都會吸入的氧氣。所以說,沒必要因為看見冒出的氣泡就感到害怕啊。

過碳酸鈉是環境友善的物質？明明吃了會死！ 13

　　LD50——半數致死量，是指當實驗生物吃了一定劑量的化學物質後，結果能造成該實驗生物總體的50％死亡。

　　以老鼠為例，過碳酸鈉的LD50約為1g/kg；兔子的話則是2g/kg以上。如果是體重70kg的人類，必須吃150g左右才有可能死掉。正常來說不可能吃這麼多的量吧，所以我不認為會有吃到過碳酸鈉死亡的事發生，但就算吃一點點不會死，還是不想吃到啊。

　　過碳酸鈉的分子式是$2Na_2CO_3 \cdot 3H_2O_2$，一旦加熱會受熱分解而產生氧氣。

$$2Na_2CO_3 \cdot 3H_2O_2 \rightarrow 2Na_2CO_3 + 3H_2O + 1.5O_2 + 熱能$$

若過碳酸鈉旁邊有某種可燃物質並有熱能供應源，因為其受熱分解後會供給更多氧氣和熱能，能幫助此可燃物質更易燃燒，所以是個潛在的爆裂物呢。

另外，過碳酸鈉溶於水會釋出過氧化氫 H_2O_2。各位知道過氧化氫是氧化劑嗎？若接觸到皮膚或眼睛可能會非常不舒服。既不可食用，又會刺激眼睛和皮膚，甚至還可能爆炸，這樣的物質怎麼會是友善環境的物質呢？

如果將過碳酸鈉溶於水，會產生碳酸鈉 Na_2CO_3 並釋出過氧化氫 H_2O_2。Na_2CO_3 遇見空氣中的 CO_2 會變成無毒性、吃了也不會有問題的小蘇打 $NaHCO_3$。另一方面，過氧化氫暴露於環境中時，很快就會變成水和氧氣。

所以請各位這樣子理解。

雖然物質本身不可以食用也不能和人體接觸，但此物質被排出到環境中時：

1. 不會在生物體內蓄積。
2. 幾天內就會完全分解，最終只留下對環境無害的物質。

所以是環境友善物質。

希望用過碳酸鈉洗衣服的人，不要再錯誤以為會因此破壞環境而感到罪惡了。

> **TIP：懶人化學家的生活小知識**
>
> - 學會了「環境友善」的定義，想必已經知道，以為稱作環境友善物質就把它吃下肚，一不小心可能會危害健康了吧。環境友善物質是指「被排到環境中時，不會對環境造成負擔的物質」。那麼被稱為永久化合物的全氟／多氟烷基物質（PFAS）是環境友善物質嗎？因為只要進到環境中就永遠不會消失，而且會對生命體的健康造成不好的影響，所以不是環境友善物質。諸如會對環境帶來永久性負擔的物質，千萬要小心，別讓它流入環境中。
> - 過碳酸鈉絕對不能放在瓦斯爐旁，以免不幸發生火災時，讓火勢燒得更猛烈，釀成大禍。

對酸性、鹼性有所了解，能避免打掃釀成禍

14

出生時就只有一個電子的氫原子是土湯匙窮二代，萬一連這唯一的電子也被奪走的話，應該會很淒慘吧。

儘管如此，氫原子為了謀生，就算只是短短一瞬間，還是必須湊到某個擁有很多電子的原子旁喊道「讓我吃一口就好！」而當酸溶於水時，會導致已經夠悽慘的氫原子連唯一僅有的電子都失去的悲慘狀況（即氫陽離子H^+）。

鹼溶於水時則是會製造出OH^-。氧原子O^+本來就非常喜歡電子，比起氧原子，OH^-喜歡電子的程度少一些，但也是喜歡的。

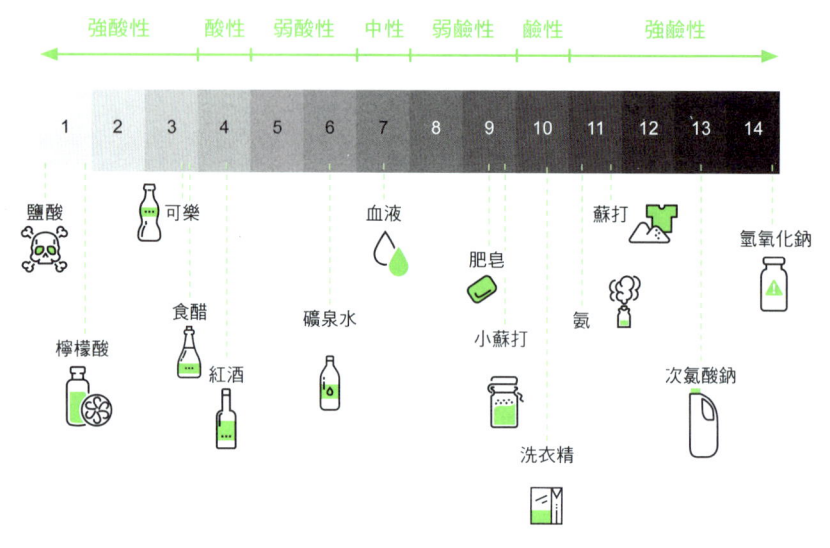

| 強酸性 | 酸性 | 弱酸性 | 中性 | 弱鹼性 | 鹼性 | 強鹼性 |

1　2　3　4　5　6　7　8　9　10　11　12　13　14

鹽酸　可樂　　　　血液　　　蘇打　　氫氧化鈉
檸檬酸　食醋　礦泉水　肥皂　　氨
　　　　紅酒　　　　　小蘇打　　　次氯酸鈉
　　　　　　　　　　　洗衣精

酸性、中性、鹼性的物質

可以把 OH^- 想成是公司內喜歡被分配工作的新員工。如果給這樣的員工太大量的工作會如何呢？會不堪負荷吧。如果有人願意分擔一些工作，OH^- 會很高興，對 OH^- 中的氧原子來說，電子正是像這些工作量一樣的存在。

那麼 H^+ 遇見 OH^- 時會發生什麼事呢？H^+ 會問「能不能給我些電子？」然後 OH^- 會回應「你要一些我的電子嗎？」答案顯而易見，接著它們會交往然後結婚。於是產生 H-O-H（即 H_2O），也就是水，這就稱作中和。

酸和鹼相遇製造出水了。不過，酸分子中有本來和氫原子H^+在一起的，像氯原子一樣的傢伙；鹼分子內也有原本和OH^-在一起的像鈉Na^+一樣的傢伙。這些傢伙們若相遇會形成鹽類（salt）。鹽酸如果遇到氫氧化鈉會發生以下反應：

$$HCl + NaOH \rightarrow H_2O + NaCl（鹽類，salt）$$

背反應式很討厭吧？只要這樣記就行了。酸和鹼若相遇，會中和並生成鹽類。可以的話，請用這句話自創一首歌，不用背就記住「酸和鹼若相遇～～啦啦啦。」

如果將食醋和小蘇打混合會怎樣呢？食醋屬於醋酸的一種，醋酸若和鹼性的小蘇打相遇，會生成水、叫作乙酸鈉的鹽類和副產物的二氧化碳。這種中和反應會很劇烈，同時會放出熱能，千萬要小心。

打掃浴室時所用的檸檬酸是酸，廚房水槽的清潔劑則是含有大量的鹼，所以將兩者混合的話，可能會碰碰碰地爆炸，並且一發不可收拾。

我將家中會有的酸、鹼性物質整理成表，務必參考，避免將兩者混合。如有需要混合時，必須先了解可能發生的危險性

PART 2　1%知識分子才知道的化學小故事　　241

再做混合。

酸性	食醋、檸檬酸、檸檬汁
鹼性	小蘇打、過碳酸鈉（雖然也會產生過氧化氫，但其 Na_2CO_3 成分呈鹼性）、次氯酸鈉、清潔玻璃用的噴霧、廚房水槽清潔劑、氨（鄉下地方的老式廁所會產生大量氨氣）。

> **TIP：懶人化學家的生活小知識**
>
> 清潔用的產品可以概分為酸性物質、鹼性物質，還有漂白劑，而且清潔力越強，物質的酸、鹼性和氧化力也越強。若混合酸性物質和鹼性物質會發生中和反應，兩者的酸、鹼性越強，中和反應可能越劇烈。家中打掃或洗衣服時會發生意外，就是因為不具備基本的化學知識。最好能在洗衣機或廚房水槽貼上物質的分類表，防範事故於未然。

酸和鹼行中和反應 不一定產生中性物質

15

前面說了酸和鹼若相遇會生成水和鹽類。下方是代表性的中和反應，和剛才的反應式是同一個，但為了讓各位不要忘記，再複習一遍。

$$HCl + NaOH \rightarrow H_2O + NaCl$$

強酸的鹽酸 HCl 和強鹼的 NaOH 相遇，產生了水和 NaCl 也就是食鹽。喝入酸可能致死，喝下鹼也可能死亡，但只要中和反應中使用的酸的分子數和鹼的分子數相同，反應後的水是可以飲用的，會是鹹鹹的食鹽水。

孩子牽著父母的手走在路上時，很多人會問：「你像媽

媽？還是爸爸？」有時候媽媽和爸爸的比例混合得太絕妙，讓人不禁疑惑孩子的父母是否另有其人。強酸HCl和強鹼NaOH相遇而生出的NaCl就是這樣的例子。完全不像父母親。沒有任何的侵害性，是完全的中性。

然而，像父親或像母親的情形也很多。強鹼和弱酸相遇會產生呈鹼性的鹽類。氫氧化鈉NaOH若遇到二氧化碳溶於水所形成的弱酸碳酸（H_2CO_3），會生成什麼呢？會生成小蘇打。

各位都知道小蘇打是鹼性吧？不過小蘇打的鹼性沒有NaOH那麼強。

$$H_2CO_3 + NaOH \rightarrow H_2O + NaHCO_3$$

那麼強酸和弱鹼相遇會怎樣？當然是會生成比酸弱，但呈酸性的鹽類吧？

生活中我們可能會說或是會聽到別人說「該死的傢伙，跟他老爸一個樣」，但也只能算了，然後接受並過生活。因為即使像父親的部分更多，但還是多少有像母親的部分的。

> **TIP：懶人化學家的生活小知識**
>
> 很重要！酸和鹼相遇並行中和反應後，也不一定會變成中性，記住了嗎？而且不是所有的物質都是酸或鹼，想當然耳也無法光用中和反應來解釋所有現象。

16

氧化不全然都不好，
至少鹽讓食物更美味

　　市場裡，有個向商人索取保護費的惡棍。各位覺得，如果遇到巨石強森，這名惡棍也會向他討錢嗎？大概不敢吧。完全是欺善怕惡，只敢威脅弱勢的人向他們敲詐錢財。

　　簡單來說，氧原子O是惡棍，會湊向其他原子並敲詐他們的電子。在原子的世界，電子就相當於金錢。氧原子若遇到氫會變成H_2O，並揪起氫原子的衣領說「電子拿來」。若遇到碳，就會一邊生成CO_2，並一邊從碳原子的兩側威脅它交出電子；如果遇到鋁原子，就會形成Al_2O_3，3個氧原子會從2個鋁原子中強行奪走多達6個電子，並各自分得2個。

　　你問氧化是什麼？狹義來說，是指被湊過來的氧原子奪走

電子;廣義上的意思則是只要丟失電子,都稱為氧化。

有個非常小巧又可愛的甲烷（methane）CH_4分子,碳原子和氫原子和藹地分享2個電子。請想像兩個小巧又可愛的孩子手牽手一起走,這就是碳和氫之間的共價鍵。

但是,小巷口有幾個氧原子正潛伏著。它們把孩子們牽著的手斷開,並揪住碳原子、氫原子的衣領,要它們交出電子,於是碳原子C和氫原子H都只能乖乖氧化了。

$$CH_4 + 2O_2 \rightarrow CO_2 + 2H_2O$$

有趣的是,氧對氟（F）則是連根手指也不敢動。氧原子如果遇到氟原子,電子會被奪走,也就是成了遇到巨石強森的惡棍。氧氣這下被氧化了呢。

請記住,氧是原子界的流氓,氧從其他原子身上搶走電子就是氧化。但是當遇到真正的打架王「氟」時,連氧也會被洗劫一空;也就是說,如果遇到氟,氧也會氧化。

TIP：懶人化學家的生活小知識

氧和氟、氯等鹵素容易使其他物質氧化。這些氧化過程有時是不好的結果，但有時也會為人類帶來有益的結果。當鐵遇到氧，鐵會氧化而生鏽並失去用處。但如果鈉（Na）金屬遇到氯（Cl_2）氣，就會生成我們稱之為食鹽的氯化鈉NaCl。鈉是擁有若被投入水中會發出「碰！」的聲音並馬上著火的恐怖金屬，氯氣也是一旦吸入可能導致死亡的氣體，但當兩者相遇，卻會產生毫無危險性、是人類為了生存必須適量攝取的食鹽呢。

當我們攝取食物後，這些食物會在我們體內被氧化，然後釋出能量，我們就是靠著這些能量生存的。所以說，針對「氧化」這個反應的好與壞下結論，是沒有意義的。

既然學了氧化，當然也要了解一下還原 17

⊕ 在一個化學反應內，若有某樣物質氧化，則其相對應的物質必會還原。舉例來說，甲烷和氧反應而產生水和二氧化碳，其中雖然氫、碳原子們氧化了，但是氧原子本身還原了。下面的說明，主要是為了沒接觸過化學的人，也能淺顯地理解氧化和還原反應而寫的。沒有任何反應會完全只有氧化或還原反應，希望學習化學的學生們都能清楚地知道這一點。

讓我們從另一個角度來看，生命活動中所發生的氧化和還原吧。氫上有氧黏著的是水分子，碳上有氧黏著的是二氧化碳，但是到底為什麼甲烷等物質燃燒會產生水和二氧化碳呢？

爬上山更費力，還是下山更費力呢？下山比上山更輕鬆吧。分子們也覺得從能量的山上下來更容易。碳和氫之間帶有很多能量的甲烷，遇見名為氧的凶惡盜賊，於是在被洗劫一空的同時，一邊從能量的山上下來，一邊形成水和二氧化碳。

　　如果用更簡單的方式呈現，氧化過程大概就是從能量的山上下山的過程。我們每天都會攝取糖分、蛋白質、脂肪，這些物質會在體內遇見氧並燃燒，然後從能量的山上下來，將自己原本保有的能量以熱能的型態釋放。利用這份熱能，我們可以運動、說話、思考和維持體溫以利生存。

　　那麼還原是什麼呢？「還原給社會」的意思是回饋、歸還給社會對吧。所以，還原就是將被氧化的物質們重置到原本的狀態，亦即擺脫氧這個惡棍並恢復至原來狀態。耗盡能量的分子們（如水和二氧化碳等）吸收穿過宇宙空間抵達地球的太陽能，並再次製造出新鮮的糖分和氧的過程，也是還原。那麼在這個宇宙生態系中，還原就是再次爬上能量的山囉？分子們無法獨自爬上能量的山，但有「光」能從後面嘿咻、嘿咻地推著它們上山。

　　在地球這個岩塊上，有生命的生物們憑藉著氧化還原而得

以生存。植物要生存也需要能量對吧。植物可以從太陽光獲得能量並自行製造維生所需要的糖分、蛋白質和脂肪，製造這些分子們的過程就是還原，而且這些營養素會在植物的體內累積。動物沒有這樣的能力，只能靠直接啃食植物或獵捕其他動物來吃，以將營養素送入體內進行氧化，並靠氧化時產生的能量生存。簡單來說，植物體內會發生製造營養素的還原反應，以及和營養素的氧化反應；動物體內則是以進行營養素的氧化反應為主。

要是沒有太陽的話，會發生什麼事？地球上任何生命都不復存在。植物靠吸收太陽所給的能量維生、草食動物靠吃植物、肉食動物則靠捕食草食動物生存。我們的生命是透過太陽提供的能量得以實現，並且透過氧化和還原反應得以延續。

在遙遠的未來，給予我們這份奇蹟般生命的太陽也會死亡吧。那時候地球上所有的生命都會消失，我們的銀河也會像周邊的許多銀河一樣變得很安靜吧。儘管如此也不需要太過悲傷，在宇宙的某個角落，一定會有和地球相似的環境被創造出來，生命也將再次重現。

TIP：懶人化學家的生活小知識

p.s. 我們現在能這樣活著，真的是奇蹟！在這廣闊的宇宙中，孕育生命的也許只有地球這麼一處。穿越地球漫長的演化隧道，我們作為人類出生、像現在這樣思考和交談，如果這不是奇蹟，什麼才是奇蹟呢？我們每一個人都是像寶石一樣珍貴的存在。

給化學菜鳥的「氧化⇄還原」總整理

18

請思考一下。

1 電子在原子的世界等同於人類世界的金錢。
2 就像愛錢的強勢者會敲詐弱勢族群一樣,有些原子喜愛電子並會搶奪其他原子的電子。

人類世界住有各種類型的人:錢一進口袋就要馬上花光光才滿足的人,對於自己擁有的東西感到滿足、不曾想過要對他人的所有物品動歪腦筋的人,還有透過欺詐或使用武力奪取他人金錢的人等等。

同樣的,原子的世界也有容易弄丟電子的傢伙、喜歡奪取

電子的傢伙、毫不在意的傢伙等各種傾向的原子。

　　氧或氟等原子非常喜歡電子，並且力氣也很大；鈉或鈣、鋁等原子則是沒什麼力氣能抓住電子。假設鈣原子拿著電子走在路上時遇到氧原子，會發生什麼事呢？

　　想必貪心的氧原子會搶走鈣原子的電子。鈣原子的電子被搶走稱為氧化；氧原子搶走電子叫作還原。很簡單吧。電子被奪走就是氧化；獲得電子就是還原。

　　前面說過「氟比氧更會搶電子，如果氧遇到氟，電子會被搶走」。但是為什麼不稱為氟化反應而是氧化反應呢？我們居住的地球，空氣的主要成分是什麼？氮氣占了將近80％，而剩下幾乎都是氧氣對吧。空氣中有很多氧氣，這麼多的氧氣，主要都在做什麼呢？

　　在搶別人的電子啊。

　　搶電子的傢伙的代名詞就是氧，所以電子被奪走的過程稱為氧化反應。氧氣的英文是oxygen，氧化反應是oxidation。

> **TIP：懶人化學家的生活小知識**
>
> *p.s.* 如果能知道世界上存在的各種原子的性質，要理解化學就會非常輕鬆。

PART. 3

懶人們，
唯有這件事千萬不要做

懶人不必裝勤勞，
化學實驗就交給專業

亞洲人都喜歡湯料理，放入各式材料煮到呼嚕嚕滾的火鍋、泡菜鍋、壽喜燒⋯⋯湯料理的種類可多了。不知道是不是因為這樣，所以大家也常常想把家裡的化學藥品混在一起使用。比如像下面這樣：

> 您說次氯酸鈉的殺菌力很好，食醋也是，那麼兩者混在一起是不是會更好呢？

「這個不可以混、那個沒關係」等有關物質混合的反應，我在其他篇章中也提過很多次，請自行複習前面的內容，在此

我只說一句。

請勿混合。一次只使用一種就好。

家中有的漂白劑、酸性物質、鹼性物質等，本身就很危險了。身為化學博士，好歹也做了很多的學習和研究，照我說的去做，至少不會受害。請不要隨便將物質混合，萬一出了差錯，可是會出人命的。

懶人們啊，請遵循你們的本性吧。不用刻意勤勞地學那些不論怎樣提出有化學根據的說法，仍堅持「我要照我原本的方式去做」的人，這些人不乏認為廚房洗碗精可以幫助消化而每天拿來喝、覺得次氯酸鈉和酸混合產生的刺鼻氣味莫名給人打掃得很乾淨的感覺，所以死也要把次氯酸鈉和酸混合（連那個味道是死亡的氯氣都不知道）、以為過氧化氫被傷口中的過氧化氫酶分解而啵啵地冒出氧氣泡泡，而開心細菌死掉，就算跟他說那只是氧氣也不願相信的人⋯⋯這些人沒資格偷懶。

製造清潔劑販售的公司如果沒有製造那樣的產品，是有理由的，要不有害健康，要不效果不彰。無數的碩博士研究員現今仍為了做出更好的產品正努力進行實驗，數百數千人的工作就是嘗試混合不同物質。現在明白了嗎？各位只要繼續享受偷

懶的時光。如果想要混合什麼，就取得碩、博士學位進入這類公司就業吧，只要「混」得好，公司還會給你加薪呢。

再強調一次，請不要隨意混合清潔劑。希望各位能一直保持一貫的懶惰過生活。

TIP：懶人化學家的生活小知識

絕對不能混合的物質

- 次氯酸鈉＋過碳酸鈉（或過氧化氫）
  → 發生激烈反應並有可能爆炸（一不小心就會送急診）
- 次氯酸鈉＋酸（鹽酸、食醋、檸檬酸等）
  → 產生有毒氣體 Cl_2
- 次氯酸鈉＋（溶有氨的）玻璃清潔劑
  → 產生有毒物質氯胺
- 次氯酸鈉＋尿液（在馬桶水中倒入次氯酸鈉後如廁時）
  → 產生氯胺
- 過氧化氫（或過碳酸鈉）＋食醋
  → 產生高度刺激皮膚和眼睛的過氧乙酸
- 過氧化氫（或過碳酸鈉）＋強鹼（水管清潔劑等）
  → 產生大量熱能且有可能爆炸
- 強酸＋鹼
  → 產生大量熱能且有可能爆炸

給過度熱中打掃之人的肺腑之言

撒了太多檸檬酸,結果浴室的磁磚被溶掉了?我說過在浴室撒過碳酸鈉或檸檬酸時,只需要撒一點點。為什麼要撒那麼多呢?還有,為什麼要這麼認真打掃呢?請偷懶去做更重要的事(喝茶、讀書和朋友閒聊)吧。

真的只要很少量的過碳酸鈉,就可以完全阻止細菌、黴菌在浴室繁殖,所以請偷懶吧。拜託不要大量撒又用刷子使勁地刷。撒完之後就去偷懶,隔天再用水沖洗或用腳底咻地抹掉就可以了。

「啊!這樣腳不就碰到劇毒過碳酸鈉了!」這樣想的人請先冷靜。沒事的,什麼問題都沒有。

如果真要提出一個注意點的話，就是所使用的化學物質量如果很多，反應的規模也會跟著變大。過碳酸鈉、檸檬酸、次氯酸鈉都是反應性高的物質，如果大量使用，就超越了原本清潔管理浴室的目的，和其他多個部分進行反應的可能性則會提高。

我說幾粒就真的只要幾粒就好。撒在同一處的過碳酸鈉粉末就算只有10粒，各位也要擔心「這樣會太多嗎？」要這種程度才行，清楚了嗎？

TIP：懶人化學家的生活小知識

是否有人會因為粉末顆粒不溶化留在原處而感到不舒服呢？請別管它，只要時間到了，要不要溶化它自己會看著辦。那邊在準備熱水打算倒下去的人，真的真的，請別管它。

使用過碳酸鈉時，
絕對不能做的事

3

　　過碳酸鈉溶於水會形成過氧化氫，這個過氧化氫就是殺死細菌的主成分。然而，過氧化氫會因為鐵砂等少量的催化劑分解成水和氧氣。

　　在浴室或其他地方撒過碳酸鈉，就日常生活的狀況而言是絕對不會造成危險的，但如果過氧化氫生成得太快，並且分解成氧氣和水時，就有可能產生危險，所以請絕對不要做下面這幾項行動：

1. **將大量的過碳酸鈉撒在狹小的空間（例如浴室排水口）並倒下熱水。** 萬一此時一旁有鐵等催化劑，氧氣會劇烈地生成而導致噴濺，有可能會噴到眼睛或身體其他部位，非常危險。

2. **將大量的過碳酸鈉放在瓶子裡,並且在倒入水後蓋上蓋子。**
同樣的,會形成過氧化氫。如果過氧化氫轉變成氧氣和水的話,這個密封的瓶子就會變成炸彈,因為瓶子裡充滿了氧氣,會發生類似搖晃香檳瓶時塞子噴飛的情況。

用番茄醬的瓶子或小藥瓶來保存過碳酸鈉粉末沒問題,但是請絕對不要將水+鐵砂或是熱水倒進去。另外,請絕對不可以把過碳酸鈉和次氯酸鈉混在一起,也請不要混合過碳酸鈉和強鹼(例如通樂、威猛先生疏通劑等),並且勿將過碳酸鈉溶於水後放入密閉的瓶子裡。

只要照我在書裡所寫的方法使用,就不會有任何問題。唉~各位懶人就跟偷偷跑去河邊的小孩一樣令人擔心,都說了不要做的事,偏偏就是愛唱反調。

正確使用化學製品,生活能變得非常便利,然而要是使用不當,也會引發嚴重問題。絕對不能讓為了健康所做的維護清潔的努力,反而變成導致受傷的原因。

希望讀了本書的人,一定要向周遭的人傳達這些內容。健康和生命安全比什麼都可貴。

TIP:懶人化學家的生活小知識

用溫水洗衣服時,加入1匙過碳酸鈉不會有任何問題,但是建議只在用洗衣機洗時使用。也可以在空氣流通的地方,放進大的不鏽鋼鍋煮沸,但請稍微打開蓋子讓蒸汽可以跑出來,而且要記住不要用鼻子吸入這個高溫蒸汽,雖然量很少,但水蒸氣中含有過氧化氫,鼻腔內部可能會因為這個高溫蒸汽而潰爛。

辨別氧系漂白劑和
氯系漂白劑危險度的方法

4

　　牙醫診所會使用過氧化氫美白牙齒,一般都使用分解時會產生過氧化氫的化合物,雖然只會碰到牙齒,但實際上還是跟把過氧化氫放進嘴裡一樣。過碳酸鈉溶於水會產生過氧化氫,所以不難猜到過碳酸鈉可以用來美白牙齒吧。

　　但是,各位有聽過用次氯酸鈉來美白牙齒的嗎?我想大概沒有。要是有這麼做的牙醫,那他必定是個庸醫。

　　過氧化氫、過碳酸鈉、次氯酸鈉都是漂白劑。國高中時期認真學習化學的人,應該還記得元素週期表上,氯在右邊數來第二排,而氧在右邊數來第三排,這些元素們非常渴求電子,因此會作為氧化劑和漂白劑來作用。不記得了嗎?沒關係。我連自己幾歲、手機放在哪裡都搞不清楚,不知道氧、氯在哪

裡也情有可原。（昨天妻子在廚房找到了我的手機，並說：「你是主婦啊，手機還會掉在廚房。」這樣下去，也許再過不久，我就會把手機忘在冰箱裡了，雖然最近手機多半出現在里歐的便盆附近。）

那麼請試著這樣想想吧。各位，氧氣可怕嗎？舉山裡的墳墓為例，有人說感覺像會有好兄弟出沒，所以很可怕，但是氧氣難道會突然起身撲向你嗎？那山羊（與韓文的氯氣同音）呢？請試著想像因為發情而眼睛閃閃發亮的山羊。就物理上的危險度來說，有長角的山羊（氯氣）更高，氧氣則相對低，是吧？

次氯酸鈉是氯系漂白劑，而過氧化氫、過碳酸鈉是氧系漂白劑，請記住——所以次氯酸鈉更可怕，是比過碳酸鈉和過氧化氫更強大的傢伙。覺得太幼稚嗎？那麼要從原子軌域開始聽聽看幾小時的化學講座嗎？明明大家都會睡著……各位就承認自己懶得學習原理，然後記起來吧。

毀掉有色衣物最簡單的方法，就是在上面滴一滴次氯酸鈉。次氯酸鈉所接觸到的部分顏色會消失，而衣服會變得非常斑駁。如果適當地將過氧化氫或過碳酸鈉活用在洗衣服上，能夠幫助讓有色衣物的顏色更鮮明。當然，根據材質和染料，有時仍有可能會損壞，所以要小心。

另外，次氯酸鈉的殺菌力更強。正因為它更強大，細菌會

更快速死亡，浴室各處也更快受損，甚至連不鏽鋼也遭腐蝕。我只有在要去除嚴重的黑黴菌斑漬或是附著在馬桶內壁的乾硬汙穢物時，才會在浴室使用次氯酸鈉，平常沒有使用的必要。

我們追求懶惰，但連腦袋都讓它沉睡可不行。要好好分辨氯系漂白劑和氧系漂白劑來活用。

TIP：懶人化學家的生活小知識

- 氯系漂白劑是氯原子（Cl）會作用於細菌或顏色分子，並改變化學鍵的性質；氧系漂白劑過氧化氫 H_2O_2 則是由氧原子負責這類工作。然而，氧系漂白劑若要作用，過氧化氫首先必須分解形成・OH自由基才行，因為這個自由基能和化合物發生反應，而這個過程要花一些時間。氯系漂白劑中的氯原子則是能立即發生反應，因此氯系漂白劑能更加快速並有效地作用於細菌和顏色分子。雖然還有其他複雜的理由，但這邊就先說明到這裡。
- 總之，請務必記得化學反應很迅速的氯系漂白劑能比氧系漂白劑更有效殺死細菌，但也會毀掉衣服的顏色，而反應性較弱的氧系漂白劑殺菌力沒有氯系漂白劑來得強，卻能維持衣服的顏色。

天然漂白水？
跟獨角獸一樣不存在

5

我偶爾會收到「天然漂白水是什麼呢？」的問題，一開始看到這個問題會想「嗯？什麼意思？漂白水就是漂白水啊，天然漂白水是什麼？」上網查了查之後，發現在兩種情況下漂白水會被冠上「天然」二字。

1. 天然食鹽製成的NaOCl（次氯酸鈉，為氯系漂白水）
2. 網路上記載的天然氯漂白水製造法：天然食鹽1＋食醋2＝天然氯漂白水？

先來看看第一種情況。某間公司以天然食鹽為原料製造了次氯酸鈉（氯系漂白水）並以此作為廣告。我們所知道的次氯酸

鈉的化學分子式是 NaOCl。不論是用海水蒸發所得到的所謂天然食鹽，或是用氯化鈉 NaCl 進行反應合成，所得到的產物都一樣是 NaOCl。NaOCl 溶於水都會形成 Na^+ 和 OCl^-。

獲得食鹽的過程若消耗更少的能量，也只是用「相對來說」對環境友善的製法所製作出的 NaOCl，所以次氯酸鈉不會是天然的，是人工製造的啊。這只是為了刺激喜歡自然生成、天然的消費者購買的行銷手段罷了。

再來看看第二種情況。食鹽是 NaCl，溶於水時會變成 Na^+ 和 Cl^-。食醋是醋酸和水的混合物。醋酸的分子式是 CH_3COOH，不會完全溶於水，大部分會以 CH_3COOH 存在，一部分溶解作為 CH_3COO^- 和 H^+ 存在，因為有這個 H^+，所以是酸性。

那麼將食鹽和醋酸同時溶於水會產生什麼？水中會存在 CH_3COOH、CH_3COO^-、H^+、Na^+ 和 Cl^-。不管再怎麼仔細看，都沒看到 NaOCl 或 OCl^- 對吧。因此，食鹽和食醋混合並不會產生次氯酸鈉成分。

不過，要是將此混合物做成噴霧來噴，都說比較不會長黴菌。為什麼會這樣呢？我們要長期保存食物時，不是會利用鹽漬嗎？鹹菜乾、蘿蔔乾、鹹魚乾等，都是用鹽醃漬。噴了食醋

和食鹽的混合物後放置，結果食醋蒸發，最後只剩下鹽。食鹽濃度高的話，細菌、黴菌等自然無法順利存活。當然啦，因為食醋本身的殺菌力，一開始噴的時候也稍微殺死了一些細菌。

另外，CH_3COO^-能包圍金屬離子並結合，形成易溶於水的物質，因此應該還能去除輕微的金屬鏽等，而Cl^-也能稍微協助這個過程。

來說說結論吧。混合食鹽和食醋絕對（再怎麼拚命試也沒用）不會產生天然次氯酸鈉。再強調一次：「世界上沒有什麼天然漂白水。這就像試圖尋找只存在於幻想中的獨角獸。」這就是我的回答。

TIP：懶人化學家的生活小知識

我想大概是製作了這個配方的人覺得，雖然不是次氯酸鈉（氯系漂白水），但利用食醋和食鹽等物質可以達到像次氯酸鈉的清潔效果，所以稱其為「天然漂白水」吧。也可能是電視節目製造出的聳動標題；讓我有「不如叫『僅次於次氯酸鈉的超級清潔劑配方』等更明確的標題如何？」的想法。沒什麼大不了的事，覺得我太認真看待了嗎？的確可能讓人這麼覺得吧。不過，請各位理解無法不對「天然漂白水」這種標題莫名產生反感的化學家的天性。如果各位聽見「天然可樂」「天然披薩」等名稱，看到的卻是完全不同的產品，應該也會生氣不是嗎？

懶人應該遠離
噴霧罐的理由

6

　　偷懶的人為了自己的安逸舒適，會使用很多小技巧，但在其他時間也會用頭腦來做重要的思考。

　　日常生活中能輕易入手的漂白劑次氯酸鈉、過碳酸鈉、過氧化氫，可以漂白又可以殺菌。所謂的「殺菌」就如字面，是能殺死細菌的意思。然而細菌是什麼呢？是生命體。各位的細胞呢？也同樣是生命體不是嗎？雖然細菌得殺死，但為了殺死細菌，連我們的細胞也一起死掉可不行。

　　我們身體的皮膚被良好建構，能承受來自外界的多種威脅，但是我們的身體也有未被皮膚覆蓋的地方。沒錯，就是呼吸器官、眼睛和口腔內部沒有皮膚。緩解氣喘的噴霧是從鼻子吸入、藥主要由嘴巴服用，而眼睛要是噴到洋蔥汁液就大事不

妙了對吧。

現在一起前往浴室看看。除了凝膠（或是泡沫）狀的次氯酸鈉清潔劑和清潔窗戶用的噴霧以外，市售的清潔噴霧多嗎？大概不多。要是有噴霧瓶的話，肯定是各位自己製作的。並且，==如果閱讀市售噴霧型製品的說明書，會記載「請小心使用、避免吸入，並請保持空氣流通」==；要是對身體無害的話，還會寫這種話嗎？

次氯酸鈉原液有作為噴霧販賣嗎？沒有。過碳酸鈉溶液有作為噴霧販賣嗎？沒有。那麼檸檬酸溶液有在販賣嗎？除了檸檬汁外，也沒在賣的。哪裡有液態的過氧化氫呢？都會被完好密封，並會標示很多請勿這樣、請勿那樣的警語。

到底理由是什麼呢？理由很簡單。因為如果隨意將這類製品裝入噴霧瓶內噴灑的話，它們會懸浮在空氣中，並直接進入我們的呼吸器官，殺死我們的細胞、造成健康問題。相信各位都還記得發生於2011年的加濕器殺菌劑事件。如果殺菌劑公司有聲明，要消費者只將此產品作為擦拭加濕器零件使用，就不會有任何問題了，但偏偏把該產品噴到空氣中而讓鼻子吸入，才釀成悲劇。藉此我做個整理：

☑	**不隨意將次氯酸鈉、過氧化氫、過碳酸鈉溶液、濃檸檬酸溶液裝入噴霧瓶來噴。**切記，如果這樣做，無疑是在危害本人和家人健康的愚昧行為。
☑	氯系漂白劑比氧系漂白劑反應性更強，能更快漂白、更有效殺菌，也更快讓我們身體的細胞受傷，以及讓橡膠製品等更快受損。**必須知道兩者的反應性差異再做使用。**舉例來說，次氯酸鈉水用來洗抹布很適合，但是有色衣物如果用了次氯酸鈉，新衣服也會馬上變抹布。
☑	**使用漂白劑時，必須知道用量和使用方法才行。**希望各位能把我寫的內容重新讀一遍，並根據情況做使用。如果可以，請將自己需要的內容整理成筆記會更好。
☑	**絕對不能混合氯系漂白劑和氧系漂白劑。**會造成嚴重的性命安全問題。
☑	**不將氧系漂白劑和通樂等混合。**可能會爆炸。
☑	**不將氯系漂白劑和檸檬酸、食醋等混合。**會產生有毒的氯氣且可能導致死亡。
☑	**不將氧系漂白劑溶於水並放置於密封的瓶子中。**這是潛在的炸彈，能不危險嗎？！
☑	**必須斟酌用量。**使用的量越多，反應的規模越大。這就跟喝一杯燒酒心情會很好，但喝了5杯的話，心情會變很糟或身體會嚴重不適是一樣的道理。

漂白劑若能正確使用，是非常方便的，但一知半解地使用，會非常危險。要是有人在被告知這樣的事實後，還執意要做危險行動，就請避開吧。這個人平時在其他事情上大概也會做出令人焦急鬱悶的行動；就算現在還沒有，之後也可能會引發問題，所以請相信我並遠離他。

雖然好像太嚴肅了些，但因為健康真的非常重要，所以大腦一定要勤勞才行。只要照我寫的去進行過碳酸鈉遊戲、檸檬酸遊戲的話，是不會有任何問題的，請不要太害怕。沒關係，不會有危害啦。

如果各位能將上面表格粗體的句子筆記下來，並貼在浴室或廚房就好了。希望各位能告訴周邊的人，請他們也這麼做。尤其是老年人或剛邁出第一步開啟獨立生活的年輕人，對他們會有幫助的。

> **TIP：懶人化學家的生活小知識**
>
> *p.s.* 希望再也沒有人會問「次氯酸鈉、過碳酸鈉、過氧化氫、濃檸檬酸、鹽酸、硫酸、通樂……可以用噴霧式的嗎？」這類問題，或有這類想法。

為了安全生活，今後絕對不能做的事 7

　　現在各位知道家中的清潔劑和洗衣精等哪個跟哪個不能混合了吧。以下幾項是一不注意就可能下意識去做的行動，一起來看看會有什麼後果。

🚨 **鍋子裡加少量的水、用高溫加熱，並一邊做料理一邊看手機**
　→得重新買鍋子。

🚨 **將白色衣物和有色衣物一起洗**
　→多一件有色衣服。

🚨 **用次氯酸鈉洗有色衣物**
　→可能會洗出白色衣服。

- 🚨 **讓次氯酸鈉接觸到不鏽鋼的洗衣槽、鍋子、排水孔蓋**

    → 可以看到不會生鏽的不鏽鋼生鏽的奇蹟。

- 🚨 **在鋁桶內加入檸檬酸，並用高溫煮衣服**

    → 鋁會溶化。

- 🚨 **用玻璃瓶（理由不究）保存蘇打溶液或水槽清潔劑**

    → 可以看到玻璃瓶因為變脆而裂開。

- 🚨 **（為了製造氣泡以清潔排水口）混合酸（檸檬酸、食醋）和鹼（小蘇打、蘇打）時不戴護目鏡**

    → 可以去醫院檢驗你的醫療保險保障是否足夠。

- 🚨 **使用強酸／鹼溶液時不戴護目鏡**

    → 同上，可以體驗到眼科醫療水準有多優秀。

- 🚨 **使用水槽清潔劑等強鹼性溶液時不戴手套**

    → 完美除毛的同時，還能獲得如橡膠般光滑油亮的皮膚。

- 🚨 **製作完過碳酸鈉溶液後，將瓶子密封放置**

    → 製造出完美的炸彈，小心警察找上門。

對了，我說過很多次，為了維持浴室乾淨，可以撒過碳酸鈉或檸檬酸粉末，但請務必只使用一點點。尤其是檸檬酸，時不時會有因為撒太多而導致磁磚變白的人跑來向我哭訴。要維持已經打掃乾淨的浴室清潔，並不需要那麼多化學藥品，請保

持適量就好。每家每戶浴室的濕氣、大小、骯髒的程度都各不相同，所以我並無法開給大家精確的處方。希望各位能各自在嘗試和失敗中找到最適合的方法。

> **TIP：懶人化學家的生活小知識**
>
> - 我們在日常生活中會遇見各式清潔劑、天然氣、香水、除臭噴霧、指甲油去光水等無數化合物。其中，尤其是打掃、洗衣服等時候所使用的清潔劑，是擁有高能量且能和產生髒汙的要素進行化學反應的化合物。就像我們可以利用火做飯和取暖，但只要一不小心，火災和燒燙傷可能隨之而來一樣，若能好好掌握這些化合物的性質並適切地活用，就能夠保障安全又便利的生活。但要是使用不當，則可能招致嚴重危險。
> - 在日常中，我們最常犯的錯誤就是在不知道會造成什麼結果的狀態下，將不同的化學製品混合了。將本書讀到最後的各位，毫無疑問地已經具備了多種化學反應的相關高階知識，所以絕不會犯下無奈的失誤。然而，這個世界上仍充滿了還不具備基本化學知識的人。為了自己和家人的健康安全，請分享本書所傳達的化學知識給周遭的人們，一起打造減少事故、更加安全的生活環境吧。

後 記

享受身體懶惰、
腦袋比誰都勤勞的生活

　　我們的日常生活由許多一再反覆的事情組成。在多數情況下，這些一再反覆的打掃和洗衣服，不過是生活中必須做的功課，而且是妨礙我們進行新體驗以充實生命的因素罷了。昨天煮飯的行為能為我的生命帶來什麼新意，而和昨天沒有不同的今天的打掃又能給予我什麼樣的幸福感受呢？

　　前面說明的熱力學公式證明了懶惰很必然，且不用擔心被田螺姑娘跟蹤回家的問題，只要交給清潔三寶，讓它們利用分子內所帶有的能量就能維護居家的乾淨整潔。

　　期盼透過本書，能讓第一次學習化學的學生們熟悉酸、鹼、氧化、還原的概念；社會新鮮人能像嫻熟的家事達人一樣保持單身套房的整潔；無數的家庭能獲得悠閒時間以享受更多愉快的生命體驗。

　　世界上仍充滿著我們尚未體驗過的事物和很多有待學習的內容。從一再反覆的日常中，減少不必要的時間浪費，把省下的時間拿來體驗新事物，充實我們的精神生活為人生添加色

彩。當心靈富足，身體也會更健康。祝福所有人都能享受身體懶惰、腦袋比誰都勤勞的化學式生活，並且餘生的路上都能充滿帥氣的體驗。

www.booklife.com.tw　　　　　　　　　　reader@mail.eurasian.com.tw

Happy Learning 216

寫給懶人的神奇化學書——
既長知識又省時省力的生活祕笈

作　　者／李光烈
譯　　者／楊嬿霓
發 行 人／簡志忠
出 版 者／如何出版社有限公司
地　　址／臺北市南京東路四段50號6樓之1
電　　話／（02）2579-6600・2579-8800・2570-3939
傳　　真／（02）2579-0338・2577-3220・2570-3636
副 社 長／陳秋月
副總編輯／賴良珠
責任編輯／張雅慧
校　　對／張雅慧・林雅萩
美術編輯／林雅錚
行銷企畫／陳禹伶・林雅雯
印務統籌／劉鳳剛・高榮祥
監　　印／高榮祥
排　　版／杜易蓉
經 銷 商／叩應股份有限公司
郵撥帳號／18707239
法律顧問／圓神出版事業機構法律顧問　蕭雄淋律師
印　　刷／祥峰印刷廠
2024年12月 初版

게으른 자를 위한 수상한 화학책（Freak chemistry book）
Copyright © 2024 by 이광렬（Kwangyeol Lee, 李光烈）
All rights reserved.
Complex Chinese Copyright © 2024 by Solustions Publishing
Complex Chinese translation Copyright is arranged with BACDOCI Co., Ltd.
through Eric Yang Agency

定價 360元　　　ISBN 978-986-136-718-7　　　版權所有・翻印必究

◎本書如有缺頁、破損、裝訂錯誤，請寄回本公司調換　　　Printed in Taiwan

清洗油膩膩的鍋具時，你是不是一塗完小蘇打粉，
就期待黏糊糊的油垢被施魔咒一樣馬上變乾淨？
你有沒有才剛在淋浴玻璃門塗完檸檬酸溶液，
就馬上拿起菜瓜布奮力地刷刷刷刷不停呢？
懶人們請保持本性就好，用學到的化學知識幫你出力吧。

——《寫給懶人的神奇化學書》

◆ **很喜歡這本書，很想要分享**

　　圓神書活網線上提供團購優惠，
　　或洽讀者服務部 02-2579-6600。

◆ **美好生活的提案家，期待為您服務**

　　圓神書活網 www.Booklife.com.tw
　　非會員歡迎體驗優惠，會員獨享累計福利！

國家圖書館出版品預行編目資料

寫給懶人的神奇化學書——既長知識又省時省力的
生活祕笈/李光烈 作;楊孅霓 翻譯. -- 初版 -- 臺北市:
如何出版社有限公司，2024.12
288 面；14.8×20.8 公分 -- (Happy Learning；216)
ISBN 978-986-136-718-7（平裝）
譯自：게으른 자를 위한 수상한 화학책

1.CST：化學　2.CST：清潔劑　3.CST：家庭衛生

466.55　　　　　　　　　　　　　　　　113015808